Let's tweet in English!

英語で
Twitter!

有元美津世
Mitsuyo Arimoto

はじめに

　筆者は、在米20年以上になるが、子供の頃から英語が好きだった。英語を身につけたのは日本にいる間で、中学時代から週刊英字新聞を読み、欧米ポップスを聴いて歌詞を書き取ったりしていた。

　中でも、英作文力をつけるのに役立ったのは、中学から大学まで10年近く続けた海外文通だ。当時、こちらの手紙が相手に届き、相手からの返事が来るまでに1ヵ月近くかかった。今や、インターネットを通じて地球の反対側にいる人とリアルタイムでの会話が可能なのだ。これを英語学習に利用しない手はない！

　一時、英語で日記をつけるのがブームになったが、毎日、まとまった内容を英語で書くのは英語学習者にはかなり荷が重く、挫折する人が多いのは無理もない。

　それに、自分だけが読む日記をつけるのと相手がいてやり取りをするのでは、やはり楽しさがちがう。相手からの返事は待ち遠しく、長続きする。筆者は、大学の頃、実際にアメリカのペンパルに会いに行った。「いつか会えるかもしれない」という期待も持てるのだ。

　もちろん、海外のメル友とメールでやり取りをしてもいいが、メールに慣れると手紙を書く機会が減るように、ツイッターに慣れるとメールが面倒になる。140字に限られたツイッターでは1、2文ですむので、文章構成などを考える必要もなく実に気軽に通信できる。

　本書では、「英語でツイッターに挑戦したい」という読者のために、実際にツイッターでネイティブスピーカーが使っている日常表現を多数紹介している。さあ、今日からLet's tweet in English!

有元美津世

CONTENTS

はじめに ……… 3

序章 Twitterって?

英語学習ツールとしてのTwitter ……… 10
登録の手順 ……… 14
興味のある人をフォローする ……… 26
Twitter用語集 ……… 38

Chapter 1
他人のTweetに反応する

■ 短い感想を述べてみよう

ふぁぼった(お気に入りにした) ……… 44

笑う ……… 44

喜ぶ ……… 45

驚く ……… 46

感嘆する ……… 47

褒める ……… 48

同意する ……… 48

驚く ……… 50

うらやむ ……… 50

感謝する ……… 51

ネガティブな反応 ……… 52

コメントをつけてRT(引用)する ……… 53

写真やビデオなどを見て ……… 53

■ 質問をしてみよう ……… 55
■ コミュニケーショントラブル ……… 56

Chapter 2
自分からTweetしてみよう

■ 話しかけてみよう

フォローして！ 58

こんにちは 59

元気？ 59

何をしているか伝える（クイック） 61

落胆する 61

励ます・慰める 63

励ましを求める 67

お礼を言う 67

謝罪する 69

ジョークを交えて謝る 71

反論する 73

しばらく音沙汰のなかった人に 73

返事を請う・連絡するように頼む 74

プライベートな質問をする 74

■ 今、何をしているか伝える

朝起きて 77

出勤前 78

通勤・登校途中 79

仕事 80

食事 85

退社 87

帰宅途中 88

帰宅後 89

就寝前 92

予定を確認する 94

週末 94

家事 96

招待・会う約束をする ‥‥‥‥ 98

天候 ‥‥‥‥ 100

健康 ‥‥‥‥ 101

美容 ‥‥‥‥ 103

勉強 ‥‥‥‥ 104

就職活動・学校探し ‥‥‥‥ 106

家族 ‥‥‥‥ 107

■ 興味のあることをつぶやく

テレビ・映画 ‥‥‥‥ 111

音楽 ‥‥‥‥ 115

ゲーム ‥‥‥‥ 117

読書 ‥‥‥‥ 119

スポーツ ‥‥‥‥ 122

スポーツ観戦 ‥‥‥‥ 123

ショッピング ‥‥‥‥ 126

流行 ‥‥‥‥ 129

旅行 ‥‥‥‥ 129

風水 ‥‥‥‥ 131

星占い ‥‥‥‥ 132

血液型占い ‥‥‥‥ 133

恋愛 ‥‥‥‥ 134

Twitter ‥‥‥‥ 138

その他ソーシャルメディア ‥‥‥‥ 141

コンピューター・テクノロジー ‥‥‥‥ 143

政治 ‥‥‥‥ 146

経済 ‥‥‥‥ 147

マネー・投資 ‥‥‥‥ 149

ジョーク ‥‥‥‥ 153

■ 記事やサイトを紹介する

記事を紹介 ‥‥‥‥ 155

他の人の面白い発言を紹介 ‥‥‥‥ 157

自分のブログやサイト（HP）を紹介 ・・・・・・・・ 158
サイト、写真、ビデオなどを紹介 ・・・・・・・・ 158
■ 有名人にTweet！ ・・・・・・・・ 160

Chapter 3
折々のあいさつをTweetする

■ お祝いとお悔やみの言葉

誕生日のお祝い ・・・・・・・・ 166

婚約のお祝い ・・・・・・・・ 167

結婚のお祝い ・・・・・・・・ 168

妊娠のお祝い ・・・・・・・・ 170

出産のお祝い ・・・・・・・・ 171

仕事関連のお祝い ・・・・・・・・ 172

Twitter関連のお祝い ・・・・・・・・ 174

何にでも使えるお祝い ・・・・・・・・ 174

お見舞い ・・・・・・・・ 176

お悔やみ ・・・・・・・・ 177

■ 季節のあいさつ

クリスマス ・・・・・・・・ 181

ハヌカ（12月のユダヤ系のお祝い） ・・・・・・・・ 182

ホリデーシーズン（クリスマスから新年） ・・・・・・・・ 182

新年 ・・・・・・・・ 184

バレンタイン・デー ・・・・・・・・ 186

イースター（復活祭） ・・・・・・・・ 188

ハロウィーン ・・・・・・・・ 188

サンクスギビング（感謝祭） ・・・・・・・・ 190

巻末略語集 ・・・・・・・・ 192

編集協力／但馬智子

ブックデザイン／原てるみ

DTP組版／朝日メディアインターナショナル

序章
Twitterって?

英語学習ツールとしてのTwitter

　鳩山首相が2010年1月1日から使用を開始したということで、日本でも一気に知名度が上昇したTwitter（ツイッター）。日本での利用者は500万人前後のようだが、ツイッターのアカウント数は世界で1億を超える。

　ツイッターとは、今流行りのソーシャルメディアで、日本ではミニブログとも呼ばれているが、「ブログとチャットを足して2で割ったようなもの」というのがピッタリだ。

　ユーザーは各自、ネット上で思いついたことを140字以内で書き込むのだが、それが"Tweet（ツイート）"と呼ばれる。ちなみに、Tweetとは元々「小鳥のさえずり（名詞）」「小鳥がさえずる（動詞）」という意味。日本語では、これが「つぶやき」と呼ばれている。

　ツイートは文字数が制限されているため、ブログのように文章の組み立てなどを気にすることもない。まさにチャット感覚の独り言だ。つぶやきは携帯電話から送ることもできる。

　そして、そのつぶやきに対し誰でもつぶやき返すことができ、また、誰かのつぶやきを他の人にRetweet（リツイート・転送）することも簡単にできる。

　気に入ったユーザーをフォローすると、フォローしている人の「つぶやき」が自分のツイッターのページに現

れ、「つぶやきの輪」ができる。芸能人や政治家をフォローし、彼らにつぶやいたり、彼らのつぶやきにつぶやき返したりすることも可能だ。

　ツイッターのユーザーは人間である必要はなく、企業や製品のアカウントもある。筆者がフォローしているのは新聞その他の情報サイトがほとんどだし（つまり、RSSリーダーの代用）、たとえばiPhoneのアカウントでは、フォロワーはiPhoneに対しての思いをつぶやく。企業側は、新製品が出るとツイッターで製品情報を流し、フォロワーに使用してみた感想などをつぶやいてもらう。つまり、フォロワーらが口コミで新製品を宣伝してくれるのを期待しているというわけだ。

　実は、このツイッター、日本語でも他の言語でもつぶやけるのだが、圧倒的に英語でのつぶやきが多い。今やアメリカ以外のアカウント数が６割以上を占めるが、利用者の半数は英語圏在住である。

　また、英語圏でない国の人も英語でツイートしているのをよく見かけるし、日本人にも、ときどき英語でツイートしている人がいる。「英語学習のためにツイッターを利用している」という人は結構いるようだ。

　ツイッターでは、日本で習う教科書英語ではなく、ネイティブスピーカーが普段話している生の英語表現に触れることができる。（口語そのままで、俗語も多いので、ＴＰＯをわきまえて使わないといけない表現も多々あ

る。)

　ある英会話学校のアンケート調査では、英語のツイートを読んでいるだけで、「英語力、英会話のセンスが磨かれた」と答えた人が65％にのぼっている。

　英語でつぶやくにしても、ツイッターであれば短文ですみ、誰に向けて書くわけでもなく、独り言感覚で気楽にできる。アルファベットで140字だと2文ほどしか書けず、文章を短くすることを強要され、それがかえって簡潔な文章を書く訓練ともなる。

　たとえば、"Just got up."（今起きたところ）、"On my way to work."（通勤中）、"I'm hungry."（お腹すいた）と起きてから寝るまでの一日の行動や思いついたことを英語でつぶやくうちに、自分の伝えたい同じような表現を繰り返すことになるため、自然と頭に入りやすいというわけだ。

　英語の表現でわからないことがあれば、ツイッターで質問もできる。地球の反対側にいるネイティブスピーカーやＥＳＬの先生が答えてくれるかもしれない。

　そして、何といっても、ツイッターは無料！　生きた英語が学べる、こんな便利なツールを利用しない手はないのでは？

> **！俗語表現に気をつけよう。**
> 　ツイッターでは、ネイティブスピーカーが友だちと話すような日常の表現が使われている。その多くが、日本の英語の授業ではもちろん、英会話スクールでも習わないような口語・俗語表現。放送禁止用語も頻繁に使われている。そうした表現のＴＰＯをわきまえられるまで、使うのは控えたほうが無難だろう。
>
> **Yo man**　　おい
> **Sup, dude?**　　どうだよ？
> **Nm(not much) man**　　別に
> **Just bitchin'.**　　面白くねえよ。
>
> よく使われる放送禁止用語
> **fuck, fucking, fuck it, fuck off, fuck up, fuck you**（ファック、くそっ）
> **damn, hell, shit**（ちぇ、チクショウ）
> **asshole, bastard, dick, dickhead, prick, son of a bitch, motherfucker, cocksucker**
> （この野郎、テメエ）
> **wanker**（ばか野郎　＊イギリス英語圏で使用）
> **bitch, cunt**（あばずれ　＊女性蔑視語）
> **nigger, nigga**（黒人　＊黒人同士の間で使われる。黒人でない人が黒人に対して使うと大問題）

　では、「ツイッターをまだ使ったことがない」という読者のために、簡単に使い方を説明しよう。

登録の手順

1. ツイッターに登録

　まずは、ツイッターに登録しアカウントを作成しよう。日本語での登録も可能だが、ここでは英語での登録方法を説明する。Twitter.comに行き、言語を英語に変えて"Get started now"（今すぐ登録）をクリック。下記を入力する。

- **Full name**（名前）： 自分のページの右上に表示される。
- **Username**（ユーザー名）：ログイン時に必要になる。URLがhttp://twitter.com/［ユーザー名］となるので、Full nameと異なり漢字は入力不可。
- **Password**（パスワード）：ログイン時に必要になる。6文字以上。
- **Email:** メールアドレス。
- **Type the words above:** セキュリティのため、表示文字を入力。

!ユーザー名は短めに
長いユーザー名を使っている人がいるが、お勧めしない。ReplyやRetweetしたときに、@ユーザー名が表示され、文字数に含まれるため、書き込める文字数が限られてしまうのだ。とくに英文字では、同じ140字でも日本語よ

序章　Ｔｗｉｔｔｅｒって？

> りずっと少ない量しか書き込めないので要注意。

　このあとは三段階の手順を踏んで登録完了となる。
　1、"suggestion"でフォローしたいページを探す。2、"friends"で自分のウェブメールのアドレス帳に登録している人の中からツイッターを使っている人を検索してフォローする。3、"anyone"でユーザーネームや氏名、企業名などからフォローしたい相手を探す。
　フォローしたい相手は後でいくらでも追加できるので、このまま登録を完了してもいい。

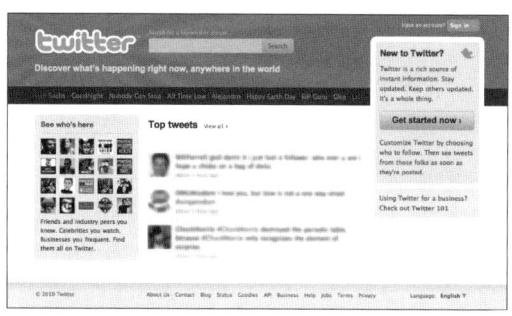

2. ホーム(Home)

　登録を完了すると、自分のホーム画面が現れ"What's happening?"（いまどうしてる？）の入力ボックスが表示される。
　その下に現れるのがTimelineだが、すでにフォローしている人がいれば、その人たちのツイートが並んでいる

はずだ。

　右メニューには、下記が表示される。

- **Username:** 自分のユーザー名
- **〇〇tweets:** これまでのツイート数
- **following:** フォローしている人の数
- **followers:** 自分をフォローしている人の数
- **listed:** フォロワーによって自分が登録されているリスト数
- **@Username:** 返信一覧
- **Direct Messages:** 受け取ったDirect Message数
- **Favorites:** お気に入り登録したツイートのリンク
- **Retweets:** 他人や自分のリツイートのリンク
- **Search:** 検索ボックス。検索したお気にいりの言葉をSaved Searchesに入れて過去の検索から探すこともできる。
- **Lists:** フォローしている人たちのつぶやきをジャンルごとなどに分けて読める。
- **Trending Topics:** 流行のトピック。#（ハッシュ）タグは#のついたキーワードについて述べている発言のみをまとめて、メイン画面のTL（タイムライン）上でリアルタイムに追うことができる機能。日本語は未対応。

> **ツイッターの使い方を簡単な英語で紹介したビデオ**
> "Twitter in Plain English"
> http://www.commoncraft.com/Twitter

3. 基本情報入力

　このままだと、自分のホーム画面には名前とユーザー名しか表示されていないので、現在地や自己紹介などの基本情報を設定しよう。

　ホーム画面の右上にある"Settings"をクリック。

Account
- **Language:** "English"を選択。("English"を選択しておいても日本語でのツイート可能。)
- **Time Zone:** 日本は「GMT+09:00」で、都市は東京、大阪、札幌のみ掲載。
- **Tweet Location:** 他のアプリを通じ発信するツイートに、自動的に所在地情報をつける場合はチェックを入れる。
- **Tweet Privacy:** 自分のツイートを許可なく他人が見られないようにする機能だが、英語学習のためにツイートを使う人は、自分のツイートは公開したほうがいいだろう。

Profile

- **Location:** 現在地だが、"Japan"でもいいし、"Tokyo"などの都道府県名や都市名でもいい。"Osaka (Japan)"、"Hokkaido, Japan"という表記もできる。
- **Web:** 自分のブログやサイトのURLを入れられる。
- **Bio:** 自己紹介、160字以内。"Bio"とは「略歴」の意。

4. 自己紹介(Bio)の書き方

　自己紹介の内容は、何を目的にツイッターを使うのかによる。たとえば、ビジネスなどに使うのであれば、それなりの自己紹介が必要だ。

　英語学習のためには、英語ネイティブのユーザーにフォローされたり、自分のツイートに海外ユーザーが返信をしてくれるよう、興味を持ってもらえるような自己紹介にすることを心がけよう。

　「こんな仕事をしている」「今、こんなプロジェクトに関わっている」と書くことで、同じような業界や職種の人が興味を持ってくれることもあるし、自分の趣味や興味があることを中心に書いてもいい。

自己紹介例
・IT Architect@IT vendor, IT infrastructure

assessment and servicing. Video games addict.
(ITベンダーでITアーキテクト、ITインフラアセスメントおよびサービス。ゲームオタク。)

・Running web service business for 8 yrs. Working on IA, UXD, iPhone applications. Beyonce fan. Father of 2.
(ウェブサービスビジネスを8年運営。IA、UXD, iPhoneアプリの作業中。ビヨンセのファン。2児の父。)

・Freelance Web/Graphic Designer, 10 years creating Japanese sites for overseas corporations. Also, designs logos, stationary, brochures and other print media.
(フリーのウェブ／グラフィックデザイナー。海外企業向け日本語サイト作成歴10年。ロゴ、文房具、パンフレット、その他印刷物もデザイン。)

・Stay@home Mom of 3. Love my kids, but often frustrated. Taking care of 3 little kids is more than a full time job! Practice Qigong to keep sanity.
(主婦で3児の母親。子供は愛しているけどストレスがたまることも。小さな子供3人を育てるのはフルタイムの仕事以上に大変！ 精神衛生のために気功をやってます。)

＊アメリカでは「子育て中の主婦」は、"housewife," "homemaker" よりも "stay-at-home mom" が主流。

・University student, biology major who loves music, traveling, movies & Mac.

（大学生、生物専攻で、音楽、旅行、映画、マッキントッシュが大好き。）

・Into stock investment, history and economy. Haven't recovered from the last stock loss yet :-(
（株投資、歴史、経済にはまっている。まだ前回の株の損から立ち直ってない。）

・Soccer fan, coach and umpire for little league. Spend every weekend playing and coaching soccer. Pls follow me :)
（サッカーファン、リトルリーグのコーチ兼審判。毎週末、サッカーのプレイとコーチをしています。フォローしてください。）

・I'm a Mariner's fan, but also love Godzilla (Matsui). I'm a runner and enjoy marathon.
（マリナーズのファンですが、ゴジラ《松井》も大好き。ランナーで、マラソンも好き。）

・Music addict. Love live music, both concerts and clubs. Nickelback fan. Guitar Player.
（音楽マニア。ライブ音楽が大好き、コンサート、クラブ両方とも。ニッケルバックのファン。ギターも弾く。）

・I'm a foodie and into ethnic food. Also enjoy cooking. Tweet me anything about food!
（食べるのが大好きで、エスニック料理にはまってます。

料理するのも好き。食べ物に関することなら何でも私につぶやいてね！）

・**Interested in anime, F1, railways, computers, politics.**
（アニメ、F1、鉄道、コンピューター、政治に興味あり。）

・**Lately I'm into pilates, jazz, red wine. I tweet crap sometimes, but mean well. Come and say hello! I won't bite ;)**
（最近、ピラティス、ジャズ、赤ワインにはまってる。くだらないことつぶやくときもあるけど、悪気はないから。来てハローと言ってね！ 噛みつかないから。）
*crap = くだらないこと

・**Fashion, electronics, manga, Hanshin Tigers, all kinds of novels and anything new.**
（ファッション、エレクトロニクス、漫画、阪神タイガース、あらゆるジャンルの小説、新しいものなら何でも。）

・「○○が（大）好き」「○○のファン」
I like skiing (a lot)./I enjoy skiing./I love skiing. この中で一番熱烈さが出るのは "love"。
(I'm a) baseball fan（野球ファン）, Disney fan（ディズニーのファン）, Giants fan（ジャイアンツのファン）, a big/huge fan of Ichiro（イチローの大ファン）のように、fanはモノに対しても人に対しても使える。

・「○○オタク」「○○マニア」「○○フェチ」「○○狂」「○○にはまっている」

Music Geek（音楽オタク）, Anime Addict（アニメオタク、アニメ中毒）, Tweetholic（ツイッター中毒）, addicted to Facebook（フェースブックにはまっている）

"addict" "-holic" ともに直訳すれば「中毒」。ちょっと硬めだが、an avid game player（熱狂的なゲームプレーヤー）という表現も。

「フェチ」を意味する "fetish" は元々「性欲倒錯」という意味なので、相手が冗談であるとわかっている場合を除き、使わない方がいい。

「オタク」の "Otaku" は、海外のアニメや漫画、ゲームファンの間では知られているので、オタク系の人の間では使用可能。「自称オタク」ということで、"I'm a geek/nerd" と言ってもかまわない。「隠れSFオタク」は "closet sci-fi geek"。

・「○○にはまってる」

(I'm) into cooking lately.　最近、料理にはまってる。

I'm crazy about photography now.
今、写真に熱中してる。

My newest passion is history novels.
今熱いのは歴史小説。

My latest craze is weight training.
今やばいのはウエイトトレーニング。

5. 誰かをFollowする

　興味ある発言をしている人がいれば、気後れすることなくフォローしよう。フォローするには、相手のツイッターのホーム画面に行って、"Follow"ボタンを押すだけだ。

　後日、気が変わって、フォローするのをやめたければ、同じページのFollowing横にある"Unfollow"ボタンを押す。

　自分のホーム画面で、"following"をクリックすると、自分がフォローしている人たちのリストが表示されるので、その人の横にある"Actions"のボタンから"Unfollow"することも可能だ。

6. Tweetする(つぶやく)

　ツイートするには、ホーム画面の"What's happening?"のボックスに書き込んで"Tweet"をクリックして送るだけだ。

　誰かのツイートに関して返信するには、そのツイートの右下にある"Reply"ボタンを押して、ボックスの中に現れた「@相手のユーザー名」の後に書き込む。

　文頭に「@相手のユーザー名」を入れると、フォローをし合っている間では、相手と自分の両方のTLに返信したツイートが現れる。これは自分のフォロワーのTLには

流れない。

　誰かのツイートを自分のフォロワー全員に転送して共有したい場合は、そのツイートの"Reply"の右横にある"Retweet"ボタンを押すと、"Retweet to your followers?"（フォロワーにリツイートしますか？）と質問するボックスが出るので、"Yes"を押せばいい。しかしこれにはコメントが書けない。

　人のツイートを引用し自分のコメントも入れたい場合は、下記の例のように、RT @「相手のユーザー名」の後ろにツイートをペーストし、文頭に自分のコメントを書き加える形が多い。人のツイートを引用する際にはRTを入れるのがエチケットである。（日本では、コメントをつけた引用には"QT"も使われるが、海外ではあまり普及していない。）

例: "Sounds Niiice! RT @TweetinEng Just arrived at Monaco beach!"

（いいなあああ！ RT @TweetinEng モナコのビーチに到着したとこ！）

　このように「@相手のユーザー名」を文中に入れると、ふつうのツイートのように自分とフォロワーのTLに現れる。

　自分のツイートを削除したい場合は、そのツイートの右下にある"Delete"ボタンを押すと削除される。

　自分のＴＬにも、相手のＴＬにも現れないよう、非公開でメッセージを送りたいときには、ホーム画面の"Direct Messages"をクリックする。フォローされてい

る相手へメッセージを送ることができるので、ボックス内にメッセージを書き込む。自分がDirect Messageを受信した際には、右メニューのDirect Messageのところに件数が現れる。また、登録しているメールアドレスにも、Direct Messageが届いている旨のメールが届く。

ツイッターを使いこなすためのクライアントソフト

　フォローする人が増えたり、筆者のように複数のツイッターのアカウントを利用するようになると、Twitter.comの画面で人のつぶやきを追うのが難しくなるので、ツイッター専用のクライアントソフトを利用すると便利だ。

　ダウンロード型には、Tweetdeck (http://www.tweetdeck.com)、Twitterific (http://iconfactory.com/software/twitterrific/) のほか、Tween (http://sourceforge.jp/projects/tween/wiki/FrontPage) やオンライン型には、筆者が使用しているHootsuite (http://www.hootsuite.com)、FireFoxから利用できるEchofon for Twitter (http://echofon.com/twitter/firefox/) など。

　携帯電話からのツイートには、日本語にはモバツイ (http://www.movatwi.jp)、英語でならアンドロイド用twidroid (http://soft.wince.ne.jp/soft/Detail/moTweets/PID4425/) などが挙げられる。

　iPhone用にはしゃべるとツイートに変換してくれる「しゃべったー」(http://shabetter.net/) もあるが、現時点では英語認識機能はなし。

興味のある人をフォローする

筆者をフォローしてみよう！

　登録し終わったら、下記に行くと筆者のツイッターの画面が現れる。

http://twitter.com/TweetinEng

　左の"Follow"ボタンを押すと、TweetinEngをフォローすることになる。すると、随時、筆者のつぶやきを自分のホーム画面で閲覧できるようになる。

　筆者は、このアカウントでは、主にアメリカの政治に関する情報を追っている。そうした記事で面白いと思った記事はフォロワーにコメント入りでリツイートしている。それに関して、コメントや質問があれば、ツイートしてもらえればいいし、英語、その他に関する質問があれば、気軽に送ってもらえばいい。（ただし、すべての質問に回答できるとは限らないのでご了承を。）

　日本語でしかツイートしていなくても、「英語表記のフォロワーにフォローされているけどなぜ？」と思っている人もいるだろう。それは、ツイッター上にもスパマーがたくさんいるから。彼らのツイートは、製品やサービスの販促、自分のサイトやアフィリエイトサイトへのリンクばかり。彼らにフォローされても別にこれといった被害はないが、いやならBlockできる。

ROMしてみる（書き込まずに読んでみる）

　ツイッターのアカウントを開いたものの、「どうすればいいの？」「誰に話しかけていいかわからない」という人は多いかもしれないが、誰に話しかける必要もない、自分が今、思ったことを書けばいいだけだ。

　たとえば、"I'm hungry."（お腹すいた）だっていい。そうしたら、"Me too!"（私も！）と、地球の反対側から誰かがつぶやき返してくるかもしれない。

　ただし、フォロワーがいないと読む人がいない可能性が出てくるので、まず誰かをフォローしてみよう。そうすると、相手もお返しにフォローしてくれるかもしれない。

　まずは「つぶやく前に、皆がどんなことを書いているのか読んでみたい」という人は、Tweetie.comがおすすめ。

　TweetieというのはiPhone用ツイッタークライアントで、iPhoneから送られた複数のトピックに関するTweetsが並んでいる。http://www.tweetie.com/

　皆、大したことを書いていないのがよくわかる！　それに、ネイティブスピーカーらが、非常に簡単な表現を使ってつぶやいているのがわかるではないか？　つづりや文法がおかしいものや、コンマやピリオドがなくて複数の文章がつながっていたり、小文字ばかりのものもある。

　英語ばかりのところに、日本語や他の言語で平気でつぶやいている人もいる。そう、ツイッターでは、とにかく何をどのようにつぶやこうが、その人の勝手！　なに

しろただのつぶやきなのだ。

　面白そうなトピックやツイートをTweetie.comで見つけたら、"Join the Conversation"をクリックして、つぶやき返そう。（ただし、自分のツイッターアカウントにログインしていること。）

　「ROM」とは、元々、"Read Only Memory"（読むだけで書き込めないメモリー）の略語で、ネット上の掲示板などで書き込みせず、読むだけの人を指す言葉として使われるようになった。英語では、ROMする人は、一般に"lurker"と呼ばれる。

有名人のTweetを見てみよう！

　フォロワー数が多いのはやはり有名人で、フォロワーの多いトップTweeterランキングはTwitterholicに掲載されている。http://twitterholic.com/（Twitterholicとは、「ツイッター中毒者」という意味。）

　フォロワーが一番多いのが、俳優のアシュトン・カッチャー。彼のフォロワーは2010年5月現在で480万人を超える。妻であるデミ・ムーアのファッション雑誌のカバー写真が修正されたという話題が世間を騒がせていたとき（問題の写真はhttp://bit.ly/5tnWl6）、アシュトンがつぶやいた。

why is my wife's hip news? fyi I just saw it up close... there was no retouching http://bit.ly/4EcXtt
(なんで僕のワイフのヒップがニュースになってんの？言っとくけど、今、近くで見たけど…修正されてなかった。)

　A・カッチャーは、2010年、ファン投票で決まるピープルズ・チョイス賞の「お気に入りウェブ芸能人」賞を受賞したのだが、授賞式の日には、会場に行く前から、ツイッターで実況中継を行っていた。

「午後7時24分　太平洋標準時7時ごろピープルズ・チョイス賞からライブ中継します。」

　会場に着いた後は、バックステージから動画をライブで流し、受賞後にはファンに感謝のツイートを送信。

「午後9時24分　ピープルズ・チョイス賞に着いたところ。バックステージにようこそ。」
「午後9時25分　ヘイ！ iPhoneからUstreamでライブ中継中。」

10:12pm The peoples choice award really goes to you all!　Thanks for the props! Thnk for making it happen!

(午後10時12分　ピープルズ・チョイス賞は、ホントは君たち皆のもの。認めてくれてありがと。これを実現させてくれてアリガト！）

＊props = "proper respect/recognition" を意味する俗語。相応の。

ニュースよりも先に事件を知ることも

　筆者はドキュメンタリー映画監督のマイケル・ムーアのツイートをフォローしているのだが、ちょうどデトロイトでナイジェリア人によるテロ未遂があった2日後、ムーア監督が下記のツイートを。

　「今、デトロイト空港にいるんだが、また何か起こったもよう。緊急車両が飛行機を取り囲んでいて、マシンガンを持ったサツがスタンバイしている」と。

　それで、私も「何が起こっているのか」とデトロイトの地元のTV局などのサイトでニュースを見てみたが、何も報道されていない。デトロイトで出発を待つムーア監督には何が起こっているか把握できないもよう。

When u r present at an incident like this u r given no info. If u r watching TV right now, u know more than me, even tho I'm 200 yds away（こういう事態に出くわすと、まったく情報がもらえな

い。今、ＴＶを見ている人の方が、僕よりわかってるでしょ、僕は200ヤード離れたところにいるんだけど。)

*yds = yards

そして、「飛行機は飛び立つみたい。僕は読書に戻るから、何かあったら教えて」というツイートが。

その頃までにはネットのニュースで速報が流れていたため、ツイッターで何が起こったのかを教えてあげた。ちなみに、引用符内は添付した記事の見出しを使い、その前後に自分の文章を追加した。

@MMFlint Another Nigerian "Man arrested in new disturbance on Detroit flight" after locking himself in bathroom http://ow.ly/QenD
(「デトロイト便で新たなテロ未遂」トイレに閉じこもった別のナイジェリア人「男性が逮捕」)

ムーア監督には67万人以上のフォロワーがいるので、私のツイートを読んだかどうかは知らないが、こうやって、誰でも有名人にツイートが送れるのだ。

<u>返信をくれる有名人も</u>

何万、何十万というフォロワーがいて、多忙な有名人

だが、中には、返信をくれたり、ファンであるフォロワーをフォローしてくれる人もいる。アメリカの人気コメディアン、テレビトーク番組ホストのエレン・デジェネレスは、サービス精神旺盛で、ファンのツイートに応えることも多い。

　例を挙げれば、ファンが、「アナタが踊ると私の1歳の娘がすごく喜ぶの！」とツイートを送れば
Send us video!（動画送ってよ！）

　「イギリスにO誌を一部届けてもらった。とくに中のカバーがサイコー！」というファンからのツイートには、
Thanks!（ありがとう！）

　「エレンのサイトのギフトキャンペーンに応募したところ。多分、当たらないけどダメ元で！」というツイートには、
Good Luck!（グッドラック！）

　「今日、地理の期末試験だった。エレンの番組を見ながら勉強したから、及第点取れると思う。」という学生からのツイートには、
Let me know how it goes!（結果教えてよ！）

　番組の新しいシーズンが始まると聞いたファンが「戻

ってきた？　再放送じゃなくて？」と聞くと、

We're back! All new episodes. Make sure you watch!

（戻ってきたよ！　全部、新エピソード。ちゃんと見てよ！）

　それどころか、エレンはツイッターをグーグル（検索エンジン）代わりに利用。エレンは、ある歌の題名が思い出せず、#タグを使った#HelpEllenで
「カウベルを使ってる80年代の歌の名前が思い出せなくて気が狂いそう。どれかわかる？」とフォロワーに呼びかけたところ、フォロワーから「これじゃないの？」という返答が次々と届いた。

Is it Ring My Bell by Anita Ward?
Funkytown by Lipps Inc. !!!
It's gotta be Hazy Shade of Winter by THE BANGLES.
Long shot, but... Blondie – Rapture.
（アニタ・ウォードの「リング・マイ・ベル」かな？）
（リップス・インクの「ファンキータウン」!!!）
（バングルズの「冬の散歩道」に間違いなし。）
（賭けだけど、ブロンディーの「ラプチャー」。）

*gotta = got to = have to
　long shot = 大穴、勝ち目がない

Would love to #HelpEllen, but I was 3 in the 80's.
(エレンの力になりたいけど、80年代は私、まだ3歳だったんだよね。)

　どれも違うので、エレンは、
　「大好きな80年代の歌の題名まだわかんない。カウベルいっぱいのやつ。何のこと言ってるかわかる人いない？」

How about Boogie Fever of the Sylvers?????
I've got it! "U Got the Look" by Prince!
Could it be Tone Loc's "Funky Cold Medina"?
The only 80's song that I can think of with a bell is "Take My Breath Away" by Berlin.
(シルバーズの「ブギー・フィーバー」は？？？？？)
(わかった！　プリンスの「ユー・ガット・ザ・ルック」！)
(トーン・ロックの「ファンキー・コールド・メディーナ」かな？)
(ベルの入った80年代の歌で思い浮かぶのは、ベルリンの「愛は吐息のように」だけ。)

　やはり、どれも違っていて、エレンは
　「『ブギー・フィーバー』でも、『ユー・ガット・ザ・ルック』でも、『ファンキー・コールド・メディーナ』でも、

『愛は吐息のように』でもない。ヘルプ！」

You're not talking about Blue Oyster Cult's "The Reaper" are you? I think that was late 70s.
(ブルー・オイスター・カルトの「ザ・リーパー」のことじゃないよね？ あれは70年代後半だったと思うし。)

　「ザ・リーパー」と答えたファンは実に多かったのだが、これも違っていて、エレンは、
　「頼むよ。『リーパー』じゃない。かっこよくて、セクシーで、女性歌手、でカウベル入りのやつ。？？？」
　なかなか当たらないので、フォロワーらもイライラ。

Can't wait to get the answer... This is bugging me...
(早く答えが知りたい。すっきりしないもん。)

This is almost as painful as trying to put a thread through the hole of a needle. haha
(これって、針の穴に糸を通そうとするくらい大変。ハハ)

ELLEN, did you get the right cowbell song?!
(エレン、カウベルの歌、正解わかった？！)

*get (the answer, the song, etc.) = 〜がわかる　e.g. I got it = わかった

翌日、ファンの一人がつぶやいた。
「エレン、ジャッキー・ムーアの『ディス・タイム・ベイビー』1978年」

E: You did it! Thank you! @xxxxxx found the song it's "This Time Baby" by Jackie Moore. Now I can rely on my followers, I don't need Google.
(当たり！　ありがとう！　@xxxxxxが当ててくれた。ジャッキー・ムーアの「ディス・タイム・ベイビー」。これからはフォロワーに頼ればいいね。グーグルなんて必要なし。)

エレンは、その日の自分の番組でもこれを発表。その動画へのリンクとともに、回答者にツイートを送った。
「@xxxxxx、アナタのおかげで、今日、うれしくて踊ったよ。http://su.pr/2fHaPR」

そうすると、回答者もツイートで
「この動画を掲載して、家族や友達に見せられるようにしてくれたから、うれしくて踊っちゃった。どうもありがとう！」

曲を当て、エレンの番組で褒めてもらい、エレンとも

会話ができ、ファンは大得意。

「今日は自分を褒めたい気持ち！ エレン・Dのおかげ。皆に知ってほしい、エレンが私のこと100％おだててくれたこと！」

　こうやって、有名人とでもインタラクティブにリアルタイムでやりとりできるのがツイッターのいいところ。気後れすることなく、160ページなどを参考にして、憧れの人にツイートを送ってみよう！

Twitter用語集

一部の用語は、ツイッター以外のソーシャルメディアでも利用される。

Block 特定のフォロワーが自分をフォローできないようにすること。ツイッター上には商品などの販売を目的としたスパマーも多いが、この機能でブロックできる。

Bot ネット上で自動配信など一定のタスクを自動的に行うプログラム。"Robot" の派生語。Twitter Botの場合、一定の情報を自動配信したり、ユーザーのbot宛てのつぶやきに返信したり(天気予報や占い、株価、格言など)するbotなど各種あり。http://twitter.pbworks.com/Bots

Defollow, De-Follow 特定のユーザーをフォローするのをやめること。"Unfollow" と同意。例)I'll never defollow you :)(絶対あなたのフォローをやめないよ。)

Defriend, De-Friend Facebookなどのソーシャルメディアの友人リストからある人を外すこと。"Unfriend" ともいう。例)If she can't handle my jokes, she should de-friend me. (彼女がもし私のジョークに手を焼いてるなら、私を友人リストから外すべき。)

Direct Message フォローされている特定のユーザーに非公開に送るメッセージ。

Dweet 酔っ払っている間に送られたツイート。

Favorite(s) 気に入ったつぶやきをお気に入り登録する(ふぁぼる)こと。Fav(es)などと略される。動詞として使われる場合は、

"Just faved the page."（そのページ、ふぁぼったとこ。）

Follow　他のユーザーのつぶやきを、自分のTL（タイムライン）で見るために、他ユーザーを登録すること。

Follower　自分をフォローしているユーザー。

Hashtag　タグ（特定のトピック）の前に「#」をつけて、つぶやきの中に入れると、タグに関する世界中のつぶやきがツイッター検索で一覧できる。この機能を使うとオンラインでの集まり、イベントが可能に。

List　カテゴリー別にユーザーを分類できる機能。

Microblog, Microblogging　日本では「ミニブログ」と呼ばれるブログの短いもの。ツイッターもこのカテゴリに入る。

Mistweet　間違えて送ってしまったつぶやき、送らなければよかったと後で後悔するつぶやき。DweetはMistweetになることが多いので要注意！

Protect　自分のつぶやきを非公開にすること。プロテクトされたユーザーのつぶやきを読むにはフォローのリクエストを送り、相手に許可される必要がある。

Reply　特定のユーザーのつぶやきに返信したいときは、「@ユーザー名」をつけてつぶやきを送る。

Retweet (RT)　Retweetボタンまたは「RT @（元の送信者の）ユーザー名」の形で送り、他のユーザーのつぶやきを自分のフォロワーに転送したり、引用したりすること。

Timeline　つぶやきを時系列に並べて表示したもの。日本のユーザーの間では「ＴＬ」と略されるが、英語では一般的ではない。

Twaffic　ツイッター上のトラフィック（ツイートなどの送受信量）。

Twalking　"Talking"のもじり。「歩きながらツイートする」という意味でも使われる。

Tweekend　週末をずっとツイッター三昧で過ごすこと。

Tweeple　ツイッター利用者（Tweet+People）。"Twitters" と同意。

Tweeps　ツイッターに限らず複数のソーシャルメディアを通じて自分をフォローしている人たち、友人ら。呼びかけるときに使われることが多い。例）"Good night, tweeps."（ツイッター仲間たち、おやすみ。）Tweet+Peeps（"Peeps" は "People" を意味する俗語）。"Tweeps" の代わりに、「軍団、軍隊」を意味する "Troops" から派生した "Twoops" を使う人もいる。

Tweet　ツイート。「つぶやき」のこと。ツイッターで送られるメッセージ。「つぶやく」という意味の動詞としても使われる。例）"I'm tweeting right now."（今、ツイートしてる最中。）"Tweet me, guys!"（みんな、ツイートしてよ！）

Tweet Back　つぶやき返すこと。例）"Pls tweet back"（つぶやき返してね。）「古いツイートをよみがえらせる」という意味でも使われる。

Tweetaholic, Tweetholic　ツイッター中毒、ツイッター中毒者。　例）"U R tweetaholic!"（君ってツイッター中毒！）

Tweetaholism　ツイッター中毒症。

Tweeter　ツイッターを使う人。"Twitterer" ともいう。

Tweetheart　恋人や子供への呼びかけである "Sweetheart"（"Darling" "Dear" と同義語）のツイッター版。例）"Sweet dreams, tweetheart."（おやすみ、ダーリン。）また、「大事な人、いとしい人」という名詞形でも使われる。例）"Would you be my tweetheart?"（私の大事なツイーターになってくれる？）

Tweet Up　他のTweeterとオフラインで会うこと。"Meet up" から派生。例）"Let's tweet up on Saturday."（土曜に集まろう。）

Tweetup, Tweet-up 他のTweeterとのオフラインでの「集まり」。例)"Join me for a tweetup Friday at ABC Café."（金曜、ABCカフェ、リアルで会おう。）

Twelpforce 電化製品量販店のベストバイが提供しているツイッターを利用した顧客サービス。

Twexting SMSでツイートを送ること。SMSを送ることを英語で"Texting"という。

Twired "tired"の意。「興奮しすぎ、頭がさえすぎ(wired)」という意味でも使われる。例) I'm too twired to sleep.（頭がさえて眠れない。）

Twis "Tweeter"を意味する蔑視語。冗談っぽく使われる場合が多い。例)"Hey, Twis, how's ur day going?"（よう、みんな、今日はどんな感じ？）

Twitosphere Tweeters, Tweetpleと同意。またはTweeterのコミュニティ全体を指す。

Twittastic "Fantastic"の意。

Twitterer ツイッターを使う人。"Tweeter"と同意。

Twitterfly 派手で社交好きな人を英語で"Social Butterfly"というが、それのツイッター版。@[ユーザー名]の利用が多い。

Twitterati 誰もがフォローするような有名Tweeter。

Twitterish ツイッターらしい、ツイッターにふさわしい。
例) Twitonnary = A Twitter Dictionary of everything Twitterish.（ツイトナリー ＝ ツイッター的な全てのことに関するツイッター辞書。）

Twitterrhea あまりにも多くのツイートを送ること。「下痢」を意味する"Diarrhea"より派生。

Twitterstream Timelineのこと。

Twittish　1）Tweeterへの愛情をこめた呼びかけ。例）Bye, Twittish!（じゃあね、みんな！）　2）ツイッターらしい。ツイッターっぽい。"Twitterish" と同意。例）Feeling Twittish this morning.（今朝はツイッター気分。）

Twoogle　ツイッターをグーグルのように使うこと。質問をツイートして他のTweeterから回答を得る。人力検索。

Unfollow　あるユーザーのフォローをやめること。

Unfriend　"Defriend" と同意。例）How to unfriend people on Facebook.（フェースブックの友人リストから人を外すには。）

その他用語リスト参考URL

http://tweets.ning.com/forum/topic/show?id=1825888%3ATopic%3A86

http://mashable.com/2008/11/15/twitterspeak/

http://www.sparkplugging.com/marketing/twitter-glossary-just-what-the-heck-is-a-twaunt/

Chapter 1
他人のTweetに反応する

短い感想を述べてみよう

「何をTweetしていいかわからない」という人は、まずは、他人のつぶやきに対し、軽く反応してみるといい。

記事やブログ、写真やビデオのリンクを掲載している人も多いので、それを褒めたり、感想を述べたりするといいだろう。たった一言でも十分。文章でなく、ビデオやリンクで返信するという方法もある。

もちろん、140字目いっぱい使って、質問や意見を述べてもいい。

● ふぁぽった（お気に入りにした）

Just faved! ふぁぽった！

Just faved that. それふぁぽったところ。

Just faved you! アナタをふぁぽった！

Just faved ur post. アナタの書き込みをふぁぽったところ。

Just faved @TweetinEng's last 3 tweets.
TweetinEngの最新のつぶやき３つをふぁぽったところ。

My fave! 私のお気に入り！

＊fave = お気に入り

● 笑う

HA HA ハハ

LOL 爆笑　笑

Pretty funny. おっかし

SOOOOO FUNNY! メッチャおかしい！

HILARIOUS! 傑作！

That's hilarious! それ傑作！

That is a great/hilarious quote!
その発言すばらしい（傑作）！

Funny pic hahaha 面白い写真だね、ハハハ

Haha funny how you say it.
ハハ、おかしい、その言い方。

● 喜ぶ

Yes! イエス！

Yay! イェイ！

　Yey!

All right! やったー！

　Hooray!

Woo hoo! ヤッホー！

Yeehaa! イーハー！

Yeaaaaaaaaaaaaaaah! イエ――――――イ！

● 驚く

Gee うわっ。

　Geez

　Sheesh
＊由来はJesus。

Jesus! ワオ！

　God!

OMG! なんてことだ！

　My goodness!

　Good grief!

　Jesus Christ!

Holy Cow! なんてこった！

　Holy Smoke!
＊Holy Shitの婉曲表現。

U kidding! ウッソー！　ウソでしょ！

Got to be kidding! ウソでしょ！　あり得ない！

U serious?! マジ？！

Unbelievable! ウソみたい！　信じられない！

　Incredible!

I can't believe it! 信じられない！

I can't believe this is happening!
こんなことが起きてるなんて信じられない！

WTH! Everyone I'm following seems to be going through the apocalypse!

なんてこった！フォローしている奴らが皆、世界の終末を経験してるみたいだな。

＊WTH = what the hell

● 感嘆する

Wow! 　　ワオ！　すごい！

Nice 　　ナイス

Sweet 　　いいね、すてき

So great!! 　　すっごくいい！　すっごい！

Cool! 　　かっこいい！

How neat! 　　それはすごい。すてき。

Amazing! 　　すごい！　信じられない！

Awesome! 　　すごい！　すばらしい！

Fantastic! 　　すばらしい！

Marvelous! 　　すばらしい！　信じられない！

It's so amazing! 　　ホントにすごい！

Great idea! 　　すごくいいアイデア！

Great pic 　　いい写真

Those are adorable. 　　それカワイイ。

Amazing guitar. 　　すばらしいギター（の演奏）。

I'm about to cry. ;'-(
（感激して）泣きそう。

Very moving. すごく感動。

Heart warming. 心温まる。

Touched my heart. グッと来た。感動した。

How exciting! ワクワクする！

This is such an amazing song. I am so moved.
すっごくいい歌。すごく感激。

You rule! お前、サイコー！

You rock! お前すげえ。すてき！

● 褒める

Way to go! 上出来！　その調子！

Well done, Jake. ジェイク、上出来。

You do incredible work.
すばらしい出来栄え（仕事ぶり）だね。

I think you are doing a brilliant job.
すばらしい働きぶりだと思うよ。

Keep doing wht U R doing!
その調子で！　その調子、がんばって！

Love what you are doing, @getglobal!
@getglobal、すばらしい！

● 同意する

Ditto! 同意！

Chapter 1　他人のTweetに反応する

Exactly.　　　ホントそう。その通り。

Exactly what I was thinking.
私が思ったとおり。私が考えてたのとまったく同じ。

Agreed.　　　同感。賛成。

I agree with you.　　　あなたに同感、賛成。

Totally agree with you.　　　あなたにまったく同感。

100% agree with you.　　　あなたに100％同感。

You're right.　　　あなたの言う通り。

That's correct.　　　その通り。

You can say that again!　　　まったくその通り。

You couldn't have said it better!
あなたの言う通り！

I'm on the same page.　　　同感。

Glad you said that!　　　そう言ってくれてうれしい。

It's so true.　　　ホントその通り。

I think so, too.　　　私もそう思う。

I'm like you.　　　私もあなたと同じ（似ている）。

You think like me.　　　私と考え方が似ている（同じ）。

Sounds good.　　　それはよさそう。それいいな。

Sounds like a plan.　　　いいね、そうしよう。

That sounds like an idea.　　　それはいい。いい考え。

Sounds very interesting.　　　とても面白そう。

That sounds like fun.　　　それは楽しそう。

U know what? I think I'm gonna do that.
ねえ、私もそれやってみようと思う。

Ok I'm sold. I'll be going to see Avatar later today.
わかった、賛成だよ。今日、後で、アバター見に行く。

*sell = 考えなどを売り込む、賛成させる
 e.g. I'm sold on that idea.　その考えに賛成。

● 驚く

Really?!　　ウッソー?!

U kidding!　　うそでしょ！

U serious?　　マジ〜？

For real?　　ホントに？　マジ？

U sure about that?　　それホント？

No way!　　うそ！　そんなはずない！　あり得ない！

　No way Jose!

Oh Oh　　あーあ

Hmmm　　フーン

Unbelievable.　　信じられない。

Incredible!　　信じられない！

I can't believe you said that!
そんなこと言うなんて信じられない！

● うらやむ

Ughhh I'm jealous!　　あー　うらやましい！

I wish I could, too.　　私もそうできたらなあ。

Chapter 1　他人のTweetに反応する

I'm jealous. I wish I was in Hawaii now!
うらやましい、私も今ハワイにいられたらな！

Hope you guys are having an amazing time!
君たち、楽しいひと時を過ごしているんだろうね！

● **感謝する**

Thanks for this. Very cool.
これ（送ってくれて）ありがと。すごくすてき（かっこいい）。

Thank you. I love this photo!
ありがとう。この写真大好き！

Thanks. That's so sweet.
ありがと。すごくご親切に。

LOVE this!! not sure who sent me the link but thank you. Very cool http://bit.ly/
これ気に入った！　誰がリンク送ってくれたのか知らないけど、ありがとう。すごくいいね。

U R very generous.
すごく気前がいいね。寛大だね。

That is so nice of you to say.
そう言ってくれるなんてありがとう。

__返信

You're welcome.
どういたしまして。

Sure.
いえいえ。

No problem.
気にしないで。

My pleasure.
喜んで。

● ネガティブな反応

Don't get it. Why so funny.

わからないな。何がそんなに面白いの。

That's pretty dumb.

バカらしい。バカげてる。アホくさ。

That's kind of silly. ちょっとバカげてる。アホちゃう。

Dumb! アホくさ！ バカみたい！

Stupid. バーカ。

What an idiot! バカな奴！

Not cool. かっこ悪い。ダサい。感心しない。

It's so uncool.

それは超かっこ悪い。すごくダサい。それは感心しないね。

＊ "That's uncool/not cool." は、状況によって「ダサい」という意味もあるが、たとえば、人の車を借りて、ガソリンを空で返すような行為、人に対して、「そりゃないだろ」「感心しない」という意味でも使われる。

That's whacked. めちゃくちゃ。マズい。

That's messed up. カオスだね。

That's screwed up.

Not very nice. よくないね。感心しないね。

Nasty. 陰険。

Nasty comment. ひどい（陰険な）コメント。

Yu(c)k! ゲ〜！

Creepy! キモい！

W(h)acko! 変人！ 変わり者！ 頭おかしい！

Weirdo!   変人！　キモい奴！

＊Wackoよりネガティブ。

You Pervert!   変態！

Omg, this is nuts http://bit.ly/

げっ、これはクレイジー。

＊nuts = crazyを意味する俗語

● **コメントをつけてRT（引用）する**

TOO LIMITED! RT @thejapantimes The online reservation system has been restored to limited traffic

限られすぎ！ RT @thejapantimes オンライン予約システムは、限られたアクセス数に対応するよう回復しました。

It's NEVER been up this AM! RT @getglobal Who actually believed that the website would only be down for 30 minutes?

今朝、一度も立ち上がってない！ RT @getglobal ウェブサイトが30分だけダウンするってホントに信じた奴なんかいるわけないだろ。

● **写真やビデオなどを見て**

Wow, how gorgeous!

わー、すごくすてき（きれい、かっこいい）！

＊英語の"gorgeous"は人の容姿に使われる場合が多く、和製英語の「ゴージャス」のようなぜいたくという意味はない。

e.g. She looked gorgeous last night.

彼女は、昨夜、すごくすてきだった。

What a gorgeous day.

なんてすばらしい天気（日和）。

What a gorgeous baby.
なんてかわいい赤ちゃん。

Hey, gorgeous!　　　よう、かわいこちゃん！
のように呼びかけにも使われる。

Cute little ones!　　　かわいいちびっ子たち！

＊子供にもペットにも使える。

You have a beautiful family.　　　すてきなご家族ですね。

Sounds like you have nice friends.
すてきなお友だちのようですね。

Your photo makes me hungry :))
あなたの写真見てたらお腹すいてきた。

Great post... exactly my thoughts after watching the movie.
すばらしい投稿。あの映画を見た後の私の感想とまったく同じ。

Video response http://bit.ly　　　ビデオ返信

Back at ya http://bit.ly　　　お返し

Click on this video link to see my response.
返信を見るにはこのビデオリンクをクリック。

Chapter 1　他人のTweetに反応する

質問をしてみよう

● 他人の発言や記事に質問する

Can I ask a question?　　質問してもいい？

What does FFF MEAN?　　FFFってどういう意味？

Who is that?　　それ、誰？

Why is that?　　それはなんで？

What happened to ur computer?
あなたのコンピューターどうしちゃったの？

Where did u get that?　　それはどこで手に入れた？

What're u listening?　　何、聴いてるの？

U just getting up?　　今、起きたの？

Do you use AmebaNow?　　アメーバなう使ってる？

So what did you do today?　　それで、今日は何した？

Did you have a nice day/weekend/vacation?
いい日/週末/休暇だった？

How was your day/weekend/vacation?
今日/週末/休暇はどうだった？

Did you have a nice Christmas?
クリスマスは楽しんだ？

Did you have nice holidays?　　ホリデーは楽しんだ？

＊holidaysは、アメリカでは通常、「クリスマスの休日」のこと。イギリスでは「休暇」の意味となる。ちなみにアメリカ英語での「休暇」はvacationである。

コミュニケーショントラブル

I didn't understand what you said.

どういう意味か（何が言いたいのか）わからなかった。

Not what I wanted to type. Sorry.

タイプミス。ごめん。

Sorry, I misread your tweet.

ごめん、あなたのつぶやきを読み違えた。

U know what I mean?　　　言いたいことわかるでしょ？

Did I make myself understood???

わかってもらえたかな？？？

I wasn't sure if I got my point across.

言いたいことが伝わったかどうかわからなかった。

Oh no, that's not what I meant. Sorry about my definitely non-perfect English...

あ、違う、言いたかったのはそうじゃない。私の英語はパーフェクトからはほど遠いんでごめん…。

Your English is fine for me.... :) I'm not a native speaker either. LOL

あなたの英語は私には問題なし…。私もネイティブスピーカーじゃないけど。笑

Chapter 2
自分から
Tweetしてみよう

皆が、どんな感じでTweetしているのかがだいたいわかったら、自分から発信してみよう。トピックはなんだってかまわない。通勤途中に「今、○○駅に着いた」「○○駅に降りたなう！」なんて実況中継している人もいる。

　とくに英語の練習のためにTweetするなら、間違いを恐れることなく、どんどんTweet。同じ表現を何度も繰り返しているうちに、自然に覚えてしまう。

　では、思うがままにLet's tweet！

話しかけてみよう

● フォローして！

Follow me. 　　フォローして。

Follow me, pls. 　　フォローしてください。

Will you follow me? 　　フォローしてくれますか？

If I follow you, will you follow me?
君をフォローしたら、私のことフォローしてくれますか？

___返信

Sure. 　　いいよ。

Certainly. 　　もちろん。

　Of course.

Why not? 　　いいよ。

Will be glad/happy to. 　　喜んで。

Chapter 2　自分からTweetしてみよう

Follow me, too! 　　私のこともフォローして！

● **こんにちは**

Hi　　ハーイ

Hello　　ハロー

Hiya　　ちわ

Howdy　　こんちは

Hey there　　ヘイ

Hi Everyone!　　皆、ハーイ

Hi, nice to meet you.　　ハーイ、はじめまして。

● **元気?**

How R U?　　元気？　どう？　何してんの？

　How r u doing?

　How's everything?

　How's it going?

　What's up?

　What's up with you?

　What's happening?

　What's up w/ u?

　What r u up 2?

　Whatcha up to?

　Whatcha doing?

So what's new?

How's your day (been)? 今日はどう？

How's ur day going?

___返信

Good. 元気。

Great. サイコー。

Awesome.

Super.

I'm doing all right. Urself?
元気でやってるよ。そっちは？

Fine. 元気。
*口語ではあまり使われない。教科書英語。

Not much/nm. どうってことないよ。別に。

Nothing much.

Nada.

Nothing good. いいこたないね。別に。

Nothing, just hanging'. 別に、何も。

Not much, listening to music. What's ur story?
別に、音楽聴いてんだけど。そっちは？

Just hangin' 別に。

Nm, chillin'

Chapter 2　自分からTweetしてみよう

● 何をしているか伝える（クイック）

Just got home.　　　帰ってきたとこ。

Just workin'.　　　仕事中。

Just hanging w/ my friends.　　　友だちと一緒。

Just hanging out.　　　ぶらついているだけ。

I'm out the door on my way to a store.
店に出かけるところ。

Making lunch.　　　昼ごはん作ってんの。

Just home bored listening to music.
家で音楽聴いて退屈してる。

Bout to go hit the weight room.
ウエイトトレーニングルームに行こうとしてたとこ。
＊bout = about

I'm out shopping rite now.　That's why I'm not tweeting.
今、買い物してるところ。それでツイートしてないの。

Sorry — logging in and out quickly coz @ work — will send pic from home.
うん、ごめん―今仕事中なんでログインして即ログアウトする―家から写真送るから。
＊@は場所の"at"の意。

● 落胆する

Oh no...　　　あ〜あ…。

Shucks　　　ちぇっ。しまった。

Shoot
*shitの婉曲表現。

Shit クソッ。

Damn. 畜生。

Damn it.

Dammit.

God damn it.

Darn/Dang ちぇっ。あ～あ。
*damnの婉曲表現。

Sucks. 最悪。ウザい。たまんねえ。

It sucks/blows/stinks.

I'm bummed. ガッカリ。へこんでる。orz。

*bummed = へこむ、がっかりするを意味する俗語。

Just lamenting a bit... Feelin a lil bummed out today...
ちょっと悲しい…。今日、ちょっとへこんでる…。

I'm down. へこんでる。

I feel down today. 今日はへこんでる。

A bit depressed today. 今日はちょっと落ち込んでる。

Disappointed... tired... annoyed... had enough so I'll be sleepin from NOW on.
ガッカリだし、疲れてるし、ウザいし、もうイヤ。今から寝る。

This sucks, Dude. I'm super sad.
最悪だ、超落ちてる。

*super = very, reallyの代わりに使われる若者用語。超、めちゃくちゃ、メチャ。

Chapter 2　自分からTweetしてみよう

I'm in such a bummed out mood now -_-
今、すごいガックリモード。

It's a bummer.　　そりゃガッカリだ。
＊bummer＝残念なこと、ガッカリすること

I'm not mad, more like disappointed.
怒ってないよ。ガッカリしたって感じかな。

I am so disappointed w the GS.
GSに関してはホントがっかり。

Really disappointed with the apartment we went to see today. I had high hopes that we had found the one.
今日、見に行ったアパートにはホントがっかり。気に入ったのを見つけたと思ってすごく期待してたのに。

＊日本の賃貸マンションは "apartment"。
　high hopes＝大きな期待。常に複数形。

Feeling a little disappointed in some friends' response to donating to help earthquake victims in Haiti.
ハイチの地震被害者救援寄付に対しての友人の反応にちょっと失望。

I was accepted to a culinary college in Ontario but I couldn't put the funds together to be there. I'm pretty bummed out.
オンタリオの料理学校から入学許可もらったのに、行くための費用を工面できなかった。相当へこんでる。

● 励ます・慰める

Lighten up!　　元気出してよ！

Cheer up! 元気出してね！

What's wrong? Can I cheer you up?
どうしたの？　気分盛り上げようか？

I hope you're all right. 大丈夫だといいけど。

I wish you well. 元気でね。

Aww Why feeling so down, Linda? Cheer up. There's no time to be feeling down.
えー、リンダ、なんでそんな落ち込んでんの？　元気出しなよ。ふさいでる暇なんてないよ。

Oh, that sucks. I'm sorry to hear that.
あ〜、それはイタイね。お気の毒。

Will it cheer you up if I send you a naked picture of Brad Pitt?
ブラピの裸の写真送ったら、元気出る？

Hang in there. It WILL get better.
がんばって！　絶対よくなるから。

We are here for you.
（あなたを支える）私たちがいるから。

Will be thinking of you. あなたのこと思ってるから。

Big hug for you!! 大きなハグ送るね！

I'm behind you 100%. あなたのこと100%応援する。

You can do it! 君ならできるよ！

Sending happy thoughts your way!
楽しい思いをそっちに送るよ！

Wish I could be there to comfort you.
そばにいてあなたを慰めてあげられたら。

If there is any way that I can help, please let me know.
何かできることがあったら知らせてね。

So sorry to hear. Hang in there. My prayers are with you.
それは大変。がんばってね。祈ってるから。

just hang in there and know that prayers are with you now & will continue to be.
がんばって。今もこれからもずっと祈ってるから。

Hang in there and keep up the great work! We are thinking of everyone there!
がんばって、いい仕事続けて！　そっちの皆のこと思ってるから！

Don't give up, sweetie. The beginning is the toughest time. Hang in there.
あきらめないで。初めが一番大変なんだよ。がんばれ。

*sweetie = 女子や子供への呼びかけ

Times are tough. hang in there everybody.
大変な時期だけど、皆、がんばって。

Things don't go well sometimes.
時には物事がうまくいかないこともある。

Negative thinking isn't good. Tends to fall into vicious spiral.
マイナス思考はよくない。悪循環に陥りやすくなる。

Nothing is born out of hatred.
憎しみからは何も生まれない。

Better to be hated by someone than hating someone.
人を憎むくらいなら、人に憎まれる方がいい。

Let's look at this as a learning experience, and you'll do better next time.
これをいい教訓とすれば、次はうまく行くよ。

Just remember things can be better, but they could also be much worse.
今以上のことも望めるけど、今より悪い状況でもあり得たっていうことを忘れないでね。

Life is full of ups and downs. It'll be up soon!
人生は浮き沈みの繰り返し。またすぐ上がるよ。

Although the world is full of suffering, it is also full of overcoming of it. — Helen Keller
世界には苦しみがあふれているが、苦しみを克服した人たちも同じくらいたくさんいる。—ヘレンケラー

___返信

Thanks for the sympathy!
慰めてくれてありがと！

Thank you. I'm feeling better now. Just bummed out about some medical issues.
ありがとう。ちょっと楽になった。健康のことでへこんでただけ。

Thanks for your concern.
心配してくれてありがとう。

I'll be ok.
私、大丈夫だから。

You're awesome　　あなた最高。

● 励ましを求める

Cheer me up?　　励ましてくれる？

To cheer me up, would you follow me, please? :)
私をフォローして、元気づけてくれませんか？

I need somebody to really cheer me up.
誰かにホント元気づけてもらわないと。

Working 1:30 to 11:30ish; visit me & cheer me up! >:(
1時半から11時半ごろまで働いている。遊びに来て励ましてよ！

＊~ish = ～時ごろ、～みたい、～っぽい

Been feeling pretty upset today. Listening to Lady Gaga cheer me up. Hope it works… x(
今日はずっとかなりむかついている。元気が出るようレディ・ガガを聴いてるなう。これで元気になるといいんだけど。

The only person who can cheer me up right now is @bonjovi!!! No one else can. I know Bon Jovi loves his fans, so I hope he cheers me up!
今、私を元気づけられるのはボン・ジョヴィだけ！　他の誰にもムリ。ボン・ジョヴィはファンのことを愛してるから、私のこと元気付けてくれると思う！

● お礼を言う

Thanks a lot!　　どうもありがと！

Thanks so much.　　どうもありがとう。

Many thanks!　　どうもありがとう。　深謝。

Thanks a million! どうもありがと！ 深謝！

Appreciate it! 感謝！

I really appreciate that! ホント感謝してます！

That's so nice of you. ご親切に。

It's very nice of you. とてもご親切なこと。

How nice of you. なんて親切。

Thanks for the tweet. ツイートありがと。

Thanks for following me :)
フォローしてくれてありがと。

Thanks for the follow! フォローありがと！

Thanks for inviting me. お招きありがとうございます。

Thanks for your invitation.

Thanks for the invite! お招きありがと！
＊よりインフォーマル。若い世代、日常では"the invite"が主流。

Thank you for all your e-mails.
メールをたくさんありがとう。

So good to hear from you! :))
（ツイート、メールなどを）もらえてうれしい！

I just passed 10K Twitter followers! Thank you all for your support on Twitter. Let's shoot for 20K now!
ツイッターのフォロワーが1万人超えたところ！　ツイッターでのご支援ありがとう。2万人目指そう！

＊shoot for = 目指す、目標とする
　K = 1,000、thousand　10K = 10,000

Thanks for the tip/info/article/photo/picture.
情報(記事・写真)をありがと。

Thanks for the heads-up. 　　知らせてくれてありがと。
＊heads-up = 前もって教えてくれること。情報、tip。
日本語で「警告」「忠告」と訳されていることがあるが、悪いこととは限らないし、警告や忠告するような大した内容ではなく、日々の些細なことに使われる。

Thanks for the clarification. 　　説明ありがと。

Thanks for your help! I couldn't have finished it without your help.
手伝ってくれてありがとう! 手伝ってもらってなかったら終えられてなかった。

Well @getglobal I couldn't have done it without you. I love you soooo much!
ねえ、@getglobal、君なしで成し得なかったよ。だ〜い好き!

● 謝罪する

Sorry, my bad. 　　ごめん、私のミス。

My mistake. 　　私のミス。

My apology. 　　申し訳ない。

Look, I'm sorry. 　　だから、ごめんなさいって。
＊look = おい、こら、ほら、いいか。注意を喚起する表現。

Oh I'm sorry, I didn't understand.
そうか、ごめんなさい。わかってなかった。

Ok...I would never do that...No offense. Sorry.

わかった、二度としない。悪気はない。ゴメン。

*no offense = 悪気はない　offense = 無礼、人の気にさわること

I'm sorry. I'll have to make it up to you :(

すみません、埋め合わせはするから。

*make up for ... to +（人）=〜の埋め合わせを（人に）する

Sorry to let you down.

ガッカリさせてごめん（期待に添えなくてごめん）。

Sorry if I don't tweet a lot. I'm just trying to get used to it.

あまりツイートしてなかったらゴメン。まず慣れようと思っているところなんで。

Sorry I haven't sent any messages lately, but things have been hectic at work.

ごめん、最近、全然メッセージ送らずに。仕事が忙しくて。

Sorry I've been MIA for a while. Things have been crazy lately. I promise I'll try and tweet more often now. <3

ごめん、しばらく行方不明だった。最近、いっそがしくて。これからもっと頻繁にツイートするよう約束する。

*try and ... = try to ... と同じ意味。口語的表現。

Christmas, new year, drinking, traveling. 4 reasons why I've neglected Twitter for a few months!! Forgive please!

クリスマス、新年、酒、旅行。数ヵ月、ツイッターを無視してきた4つの理由！！　お許しを！

If anyone got a weird direct message from me, I'm sorry. It was by accident.

変なダイレクトメッセージを私から受け取った人、すみません、間違えて送ってしまいました。

Sorry I don't follow people without a pic =|
ごめん、写真のない人はフォローしないんで。

I'm sorry I had to cancel so many times.
何度もキャンセルせねばならなくて、すみません。

So sorry abt the ABC confusion!
ABCの件で混乱させてごめんなさい。

Glad people came through for you. Sorry we couldn't be there. Hope everything is going smoothly <3
皆が助けてくれてよかった。私たちがそばにいられなくてゴメン。すべて順調に行っているといいけど。

I'm sorry for putting you through this drama… If you want 2 unfollow me… Cyz. <3 :'(
メロドラマに巻き込んでごめんなさい。私をアンフォローするというのなら… バイバイ。

*drama = 劇的事件、ドラマチックなできごと、メロドラマ的なこと。大したことではないのに大げさに感情的に騒ぎ立てる場合に使われることが多い。

● ジョークを交えて謝る

Hahahaha, ur screwed. I'm sorry to laugh.
ハハハ、お前終わったな。笑ってゴメン。

I'm sorry I can't be perfect…
完璧じゃなくてごめんなさい。

I'm sorry for the person I became.
こんな人間になっちゃってすみません。

I'm sorry I get mean when I'm tired :)
疲れたら意地悪になってしまうもんでごめんなさい！

As you can see, I have a sense of humor. It's rather large. Sorry if I offend you with it.

見てのとおり、ユーモアのセンスがあるんで。それもかなりの。そのせいで気を悪くしたらゴメン。

Sorry for all the messages. I'm working on a Saturday and have a lot of time on my hands.

いっぱいメッセージ送ってゴメン。土曜だっていうのに働いてて、時間を持て余してんだよな。

＊on one's hands = 持て余して、背負い込んで

This tweet is to say sorry for flooding Twitter. Pls do not nag or scold me. I promise this will be the last for tonite.

このツイートは、ツイッターにメッセージを大量に送ったことをお詫びするためのものです。僕に文句を言うとか、叱るとかやめてください。今夜はもう送らないことを約束しますから。

I'm sorry to bore you with so many tweets. Was not my intention to bore you.

たくさんのツイートでうんざりさせてごめんなさい。そういうつもりはなかった。

I'm sorry if anyone gets offended, but yes, I have a sick sense of humor. Don't like it don't read it ^_^

気分を害した人がいたらすみません。でも、そう、俺には病んだユーモアのセンスがあるから。イヤな人は読まないでくれ。

Sorry boys, my crippling alcoholism and addiction to canned food have killed my grammar.

悪いな、お前ら。重度のアル中かつ缶詰中毒のために文法がぶっ飛んだ。

Chapter 2　自分からTweetしてみよう

● 反論する

Sorry, it annoys me.　　　悪いけど、ウザい。

I'm sorry you feel that way. I've been friends with him since I was 12 and he's always been the best guy to me.
君がそんな風に思うのは残念。彼とは12のときから友だちで、僕にとってはいつも最高の奴。

What? I like her. Don't know what you're getting at.
え？　私は彼女好きだけど。何を言おうとしているのかわからない。
＊get at ＝言わんとする、ほのめかす

Was that a response? Seems off the topic.
あれ返信？トピックとは関係ないみたいだけど。

● しばらく音沙汰のなかった人に

Where have u been?!!!　　　どこにいたの？！！！

U Stranger!!　　　ご無沙汰だよね！！
＊You Stranger, Hey Stranger, ＝「見知らぬ人になっちゃったよね」という意味。

It's been ages. You went MIA on me! :(*sulking*
すっごい久しぶり。（私の前から）消えちゃってさ。ムスッ。
＊MIA ＝ missing in action 「戦闘中に行方不明」を意味する軍隊用語だが、「連絡をしてこない、連絡がとれない」という意味の俗語になっている。

Missed your tweet.
ツイートがなくてさびしかった。

I missed you!
会えなくてさびしかった！　会いたかった！

● 返事を請う・連絡するように頼む

Send/Shoot me an e-mail. メール送って。

Shoot me a tweet @TweetinEng.
@TweetinEngにツイート送って。

Give me a tweet on it. その件でツイートして。

Shoot me some info. 情報送って。

Let me hear from you soon again.
また近いうちに連絡してね。

Call me. 電話して。

　Give me a call/ring.

　Give me a shout.

Ring/Phone me. 電話して（イギリス英語）。

If I call, will you answer? 電話したら、出てくれる？

● プライベートな質問をする

What language do you speak? 何語しゃべるの？

How old are you? いくつ？

Which school do you go to? どの学校に行ってるの？

Which college do you attend?
どの大学に行ってるの？

What do you study? 何を勉強してるの？

What is your major? 専攻は？

What do you do? 仕事は何してるの？

Where do you work? どこで働いてるの？

Do you have any brothers or sisters?
兄弟姉妹はいる？

Where do you live? どこに住んでるの？

Where were you born? どこの出身（生まれはどこ）？

Where are you from, by the way? :)
ところで、どこの出身？

U in the US? そちらは在米？

Where r u in CA? カリフォルニアのどこ？

How long have you lived there in Spain? Where is home for you?
スペインにはどれくらい住んでるの？ 実家（故郷）はどこ？

Do you live alone? 一人で住んでるの？

Do you live with your family?
家族と一緒に住んでるの？

What time do you usually get up?
いつも何時に起きるの？

What time do you normally go to bed?
普通、何時に寝るの？

What's "in" where you live?
あなたが住んでいるところでは何が流行ってるの？

What's the latest craze in your country?
あなたの国での最近の流行は？

How popular is anime in your country?
あなたの国でアニメはどれくらい人気があるの？

Is it true maid cafes are also popular in China?
中国でもメイドカフェが流行ってるってホント？

Chapter 2 自分からTweetしてみよう

今、何をしているか伝える

● 朝起きて

Good morning! おはよう！

Just got up. 今、起きたところ。

Shoot! Overslept!! やば！ 寝坊した！

It's already 8! Late for school.
もう8時！ 学校に遅刻！

The whole family overslept. 家族全員寝坊。

My hubby will be late for work!
ダンナ会社に遅刻！

Slept like a baby :) 赤ちゃんみたいにスヤスヤ眠れた。

I don't feel like getting out of bed.
ベッドから出たくないな。

Almost impossible to get out of bed.
ベッドから出るのは不可能に近い。

Couldn't sleep last night. 夕べは寝られなかった。

Had a nightmare. 悪い夢を見た。

Having a hangover from last night.
夕べの二日酔い。

Having a headache. Too many drinks last night…
頭痛がする。夕べ飲みすぎた…。

Wish I didn't have to go to work today.
今日、仕事に行きたくないな。

Baby kept me up all night......
一晩中、赤ちゃんの世話で寝られなかった……。

My son is sick and I had to get up every few hours to check his temp.
息子が病気で、熱を測るのに数時間ごとに起きないといけなくて。

It's Sun, but my kids woke me up at 6am.
日曜なのに、子供たちに6時に起こされた。

Going back to sleep.
また寝よ。

I'm going back to bed after seeing off my husband and kid.
夫と子供を送り出したらまた寝る。

I slept for 14 hours today. The day is almost over…
今日は14時間も寝てしまった。もう一日が終わりそうだ…。

● **出勤前**

Going2work.
いざ出勤なう。

Getting set to leave home.
もうすぐ家を出るところ。

Leaving home in a few min.
数分で家を出る。

Running late. Didn't have time to make bento for my hubby.
遅くなった。ダンナのお弁当作る暇なかった。

Will be back after sending off my family.
家族を送り出してから戻ってくる。

Chapter 2　自分からTweetしてみよう

Hubby just went to work.　　ダンナが出勤したところ。

Just took my husband to the train station.
夫を駅まで（車で）送って行ったところ。

He forgot to take his umbrella(lunch).
彼、傘（弁当）を持って行くの忘れた。

My lovely husband took the trash out :)
愛する夫がゴミを出してくれた。

The kids just left.　　子供たちが出て行ったところ。

Son just went to school.　　息子が学校に行ったところ。

Just dropped off my daughter at the kindergarten.
幼稚園に娘を連れて行ったところ。

My son is sick and I have to stay home today.
息子が病気なので、今日は家にいないと。

My wife is sick today. Took the day off and taking her to the hospital.
今日は妻が体調不良。休みを取って、病院に連れて行く。

My husband wasn't feeling well, but went to work. Hope he's OK.
夫は調子がよくなかったが、仕事に行った。大丈夫だといいんだけど。

● 通勤・登校途中

On my way to work.　　出勤途中。

Woke up @ 7.45 :O I can't believe I got ready in less than half an hour.
7時45分に起きた。30分もかからずに仕度できたなんて信じられない。

On my way 2 school with Chie! Akemi's birthday tomorrow!! Wooohoo so excited!

チエと学校に行くところ！　明日、アケミの誕生日！！　ワオワオ、すっごい楽しみ！

My first class for the day is 9 am.

今日の一時間目は9時から。

On my way to the train station.

駅に向かっているなう。

Reading Hatoyama's mailing list.

鳩山のMLを読んでるなう。

On subway to work. Seems less crowded today.

会社に向かう地下鉄なう。今日はすいてる感じ。

Now at Shibuya. Getting on Yamanote line.

渋谷なう。山手線に乗る。

The traffic is really bad today.

今日は道が混んでる。

Missed my bus(train)!　　バス（電車）に乗り遅れた！

Running late for work AGAIN!　　また会社に遅刻！

Won't make it on time.　　間に合わない。

● **仕事**

Got to work. Need to work. Going to work!

仕事しないと。仕事しないとね。仕事行くぞ！

Another busy day today.　　今日もまた忙しい。

I have 3 meetings today! Crazy!!
今日は会議が3件！　信じられない！！

Came in late today. No one noticed, I hope!
今日、遅刻した。誰も気づかなければいいけど！

My boss isn't in today. Woo hoo!
今日、上司は不在。やたっ！

Boss is in good mood today.
今日、上司の機嫌よし。

Boss is grouchy today.
今日、上司の機嫌悪し。

I'm tired. Can't focus on work.
しんどい。仕事に集中できない。

Don't feel like working today.
今日は仕事する気しないな。

Craving something sweet.
甘いものが食べたい。

Almost falling asleep.
寝そうだ。

Need to get up and stretch.
立ち上がってストレッチしないと。

Going to take a break.
休憩しよ。ちょっと休憩。

Puff(Smoke) time.
喫煙タイム。

Going for a smoke.
タバコ吸ってこよ。

Don't want to go outside on a cold day like this.
こんな寒い日に外には出たくない。

Forgot to bring my files I worked on at home over the weekend! :-'(
週末に家で仕事したファイルを持ってくるのを忘れた！

Most ppl at work are sick. Shit, don't come to work if u r sick! Don't give it to me!

会社の人、大半が体調不良。ちっ、病気なら仕事来るなよ！俺にうつすなよ！

Back to work today! I can't wait to see everyone. I hope I remember their names.

今日から仕事復帰！　早く皆に会いたいな。皆の名前覚えてるといいけど。

Headed to a meeting (the supply meeting).

会議（供給会議）行ってくる。

Another meeting…　　またもや会議…。

Can't stand this meeting. How can I get out?!

この会議耐えられん。どうやったら逃れられるか。

In a meeting. So boring. Falling asleep.

会議なう。退屈すぎる。寝そう。

That was a useless meeting.　　役に立たん会議だった。

I'm SICK of meetings!　　もう会議はたくさん！

NO MORE meetings, pls!

もう会議は勘弁して、お願い！

Going to do a presentation. This one will make or break us.

プレゼンしに行ってくる。これで当社（当チームの）運命が決まる。
＊make or break = のるかそるか。

Working tonight on decorating one wall in the shop so it'll be ready for displaying new merchandise tomorrow.

明日新商品を展示できるよう、今夜は店の壁の一面を飾りつけ。

Damn, my shift is maaaaaaad long and annoying.
チキショー、俺のシフトは鬼長くてウザイ。

There's so much work to do I don't know where to start.
仕事が多すぎて、どこから始めていいかわからない。

I'm totally swamped!　No way I can finish all these today.
超忙しい。これ全部、今日終わらせるなんて絶対ムリ。

Need to finish this report by tomorrow.
この報告書を明日までに終えないと。

U kidding, right?　Can't finish it by next week.
ウソでしょ？　来週までになんてできないよ。

What r u thinking, Boss?!
上司（部長、課長）、何、考えてんですか？！

The project is way behind.
プロジェクトは超遅れ。

The project launched last week and we're already behind!
先週、始まったプロジェクト、すでに遅れている！

Serious?!　Delivery is late?!　How r we going to finish the project on time?!
マジ？！　納品遅れ？！　どうやって期日どおりにプロジェクトを終えるっていうの？！

No, no, pls don't tell me it's not working!
ウソ、ヤダ、頼む、壊れてるなんて言わないで！

Didn't get the data from US office today.　My report is due Tue!!
今日、米オフィスからデータが届かなかった。レポート、火曜に提出なのに！！

A leader must show direction!
リーダーっていうのは、方向性を見せるべき！

Is every boss a jerk? Do you have to be a jerk to become a boss?
上司は皆、いやな奴なのか？　いやな奴でないと上司にはなれないのか？

Working home today. (Got to) Love it!
今日は家で仕事。最高！

Got a lot done today :)
今日は、はかどった。

Made a lot of progress today :)
今日は、すごく進展。

It was a productive day.
生産的な日だった。

I was actually somewhat productive today.
実は、今日はちょっと生産的だった。

Feels like I didn't get anything done today.
今日は、何も終えられなかったような気がする。

I feel like nothing was accomplished today.
今日は、何も達成できなかった気がする。

The reason I can't focus on work is the work is boring? Or something is wrong with me?
仕事に集中できない理由は、仕事が面白くないから？　それとも自分のせい？

Things aren't going well today.　Should I hang low or act upbeat?
今日は、いろいろうまく行ってない。大人しくしてるか、元気出してやるか？

● **食事**

I'm already hungry.　Need a snack.
もうお腹すいてきた。何かつままないと。

Skipped breakfast this morning.
今朝、朝食を抜いた。

Can't wait for lunch.　　昼食まで待てない。

Starving.　Got to eat something.
腹へった。何か食べないと。

Going to lunch.　　ランチ行くなう。

Got to go get something to eat.
何か食べるもの買ってこないと。

Going to eat leftovers today.　　今日は残飯整理。

My lunch today is last night's leftover, as usual…
今日のお昼は、いつもどおり、夕べの残り…。

Having lunch at the desk today.
今日はデスク（自分の席）でお昼。

I brought bento today.　　今日は弁当持参。

I love my wife's bento!　　妻の弁当サイコー。

Shoot, she included the green peas.　I hate green peas!
ちぇっ、グリンピース入れたな。キライなのに！

Eating/munching while tweeting.
食事しながら（食べながら）ツイート。

Just burned my chin w/ pizza.
ピザであご火傷したなう。

Just bought cold canned coffee by mistake… Why sell cold coffee in the winter?!
間違って「つめた〜い」缶コーヒーを買ってしまった…。なんで、冬に冷たいコーヒー売んの？

Going to lunch with my boss.
上司と昼食行くなう。

Having lunch at my favorite ramen place/joint.
お気に入りのラーメン屋で昼食なう。

I have a lunch appointment today.
今日、ランチアポあり。

My report is due this afternoon. No time for lunch!
レポート、今日の午後提出。昼食など食ってる暇はない！

The meeting ran over. Got to skip lunch today. Agrrrrrrrrrrrrrrrrrr
会議が長引いた。今日は昼食抜きだ。うおぉぉぉぉぉぉぉぉ

The food was great.   すごくおいしかった。

The dinner was wonderful/fabulous.
すばらしい夕食だった。

I'm full, but still having dessert :)
お腹いっぱい、でもまだデザート食べる。

Ate too much… Better go work out.
食べすぎた…。運動してこなければ。

There was a huge line at McDonald's.
マックにすごい行列ができていた。

Restaurant A was packed and we ended up eating at Restaurant B.
A店はいっぱいだったので、B店で食べる羽目に。

I was blogging and ran out of time to eat lunch.
ブログ書いてたら、昼食食べる暇なくなった。

● 退社

Going home. 　　　退社なう。

Time to go home. 　　　家に帰る時間。

I'm done for the day. 　　　今日はこれまで。

Just wrapped up for the day. 　　　仕事を終えたところ。

Outta here by 6 pm. 　　　6時までに出ないと。

*outta = out of

Working overtime today. 　　　今日は残業。

No, no, no, I can't stay late today!!!
ダメ、ダメ、ダメ、今日は残れない（残業できない）！！！！

Have to leave here by 6:30 pm. Won't be able to finish all this by then…
6時半までに出ないと。それまでにこれをすべて終えるのはムリだ…。

Still have tons of things to do. How long will that take?

まだやることが山ほどある。どれだけかかるんだろう？

＊tons of ... = "lots of ..." の「たくさん〜」という意味よりも量が多いときに使う。多さを強調する口語。

Do I really have to finish this today?

これ、今日、ほんとに終わらせないといけないのか？

Pls let me go home… 　　家に帰らせてください…。

Need to pick up my daughter at the day care.

保育所に娘をお迎えに行かないと。

● 帰宅途中

On my way back from work. 　　仕事から帰る途中。

On my way home. 　帰宅途中。

On my way to the gym. 　ジムに向かっているなう。

Listening to music on iPod on the way home.

帰宅途中、iPodで音楽を聴いているなう。

Picking up my son on my way home.

帰宅途中、息子をお迎えなう。

Heading to the store for some groceries.

食料品を買いにスーパーへ向かう。

＊アメリカでは、「スーパーに行く」「食料品を買いにいく」は、"go to the grocery store" "go grocery shopping" などというのが普通。

Stopping by a dept store for dinner.

夕食買いにデパートに立ち寄るなう。

Have an English lesson tonight.

今夜は英語のクラス。

My investment class has been canceled tonight.
今夜の投資の授業はキャンセル。

Going out with my co-workers tonight.
今夜は同僚と外出（遊びに、飲みに）。

Heading to Izakaya :)　　居酒屋に向かうなう。

Got to have beer after a day's hard work.
一日ハードに働いた後はビールがないと。

Nothing beats beer after work!
仕事の後のビールに勝るものなし！

Waiting@BECK for a friend.
BECKで友だち待つなう。

Surfing at Starbucks. Staying here until my netbook batteries die.
スタバでネット。ネットブックのバッテリーが切れるまでここにいよう。

On my way home from a (year-end) party.
飲み会（忘年会）から帰宅なう。

● 帰宅後

Back home.　　帰宅。

Phew…. I'm home!　　ふー、家に帰った！

Just got back from work/the gym/party.
仕事/ジム/パーティーから戻ったところ。

Picked up dinner on my way home.
帰宅途中で夕食買った。

I'm tired.　　疲れた。

I'm pooped from working so hard this week.

今週、すごく働いてクタクタ。

What a day. I'm so pooped out.

なんていう日。もうクタクタ。

I'm worn out, but happy I can sleep in a bit tomorrow.

へとへと、でも、明日ちょっと遅くまで寝られるからうれしい。

＊sleep in = 遅くまで寝る

I worked hard today. Patting myself on the back :)

今日はよく働いた。自分を褒めるなう。

＊pat +（人）+ on the back = 慰めたり、激励するのに背中をたたく

Too tired to cook. 疲れて料理できない。

No food in the fridge… 冷蔵庫からっぽ…。

Going to order a pizza. ピザ注文しよ。

My husband is cooking tonight. 今夜は夫が料理。

Going to dinner. 夕食食べに行くなう。

Nothing to eat at home. Got to go grocery shopping.

家に食べる物が何もない。買い出しに行かないと。

About to execute my duty to eat some of the ice cream my wife bought yesterday.

昨日妻が買ったアイスクリームを食べるという義務を果たすところ。

My feet are asleep. 足がしびれてる。

Got to write the blog. ブログ書かないと。

Don't feel like updating the blog tonight.

今夜はブログを更新する気になんない。

I'm too drunk to write. 酔ってて書けない。

Going straight to bed. このまま寝る。

Just got home from work. Taking a hot bath, relaxing & reading my new book.
仕事から戻ったとこ。あったかいお風呂に入って、リラックスしながら新しい本を読んでる。

Ok, I'm back from my bath.
オーケイ、お風呂から戻った。

My hubby is bathing our son.
ダンナが息子をお風呂に入れてる。

Now I have to drag my daughter to the bath.
娘をお風呂に引っ張っていかないと。

Going to eat potato chips now. Pls don't stop me.
いまからポテチを食べます。止めないで下さい。

Can't stop eating. Won't stop. How many calories do these have?!
やめられない、止まらない。カロリーはどれくらいあるのか？！

Eating sushi, wondering if I should watch mindless TV or read my book.
寿司なう。ボーっとＴＶを見ようか、本を読もうか考えながら。

Heading out with a friend soon to see a movie… no gym tnght.
もうちょっとしたら友だちと映画見に行く…。今夜はジムなし。

Off for the rest of the day. Curry, movie, and relaxing with my pup :)

今日はこれで仕事終了。カレー、映画、子犬とリラックス。

＊pup = puppy 子犬

I am going to end this bad day with something that gets me pumped.

悪しき今日一日を、元気づけてくれるもので終えるぞ。

＊get me pumped = 元気づける、エネルギーをくれる

● 就寝前

I'm getting sleepy eyed.　　まぶたが重くなってきた。

Taking a shower/bath before going to bed.

寝る前にシャワー浴びる（お風呂入る）なう。

Getting ready for bed.　　寝る用意なう。

Going to bed.　　寝るなう。

(I'm) Off to bed.　　寝るなう。

It's midnight. Time to go to bed.

真夜中（12時）だ。寝る時間。

Brain dead. Crashing…　　脳死。寝る…。

＊crash = 寝る、を意味する俗語。

Can't stay up tonight. Will finish the rest in the morning.

今夜は起きてられない。残りは朝終えよう。

Well, I definitely regret sleeping till 2pm today. Not tired at all.

はあ、お昼2時まで寝たの完全に後悔。全然、疲れてない。

Listening to my iPod trying to go to sleep.
iPod聞きながら、眠ろうとしているなう。

I really need to go to bed but this book is so good.
ホント、寝ないといけないんだけど、この本、すごくいい。

Really need to stop listening to the Glee soundtrack and go to bed!
マジでグリーのサントラを聴くのをやめて、寝ないと!

I should really be asleep, but instead I'm listening to the wind outside my window. So gusty.
もう眠ってるべきなのに、代わりに窓の外の風の音を聞いている。すごい突風。

Wow, it's already 4 am. Got to take a nap.
ワオ、もう朝4時。ちょっと寝ないと。

Why the hell am I still awake?!
一体全体、なんで俺はまだ起きてんだよ!?

U better go to sleep, boy. もう寝たほうがいいよ。

Aren't U supposed to be in bed?
もう寝てる時間じゃないの?

Good night! おやすみなさい!

Sweet dreams! いい夢を!

nite nite. おやちゅみ。

See you tomorrow! また明日!

CYA tomorrow! じゃ明日!

Talk to ya tomorrow. また明日しゃべろうね。

zzzzzzzzzzzzz.... グウグウ…。

This is my first and last tweet for the day. G'night!
今日、最初で最後のつぶやき。おやすみ！

● **予定を確認する**

Things to do tomorrow: print out the list, go to the bank, pick up dry cleaning…
明日すること： リストを印刷して、銀行に行って、クリーニング取りに行って…。

Things 2 do 2moz: cleaning, laundry, grocery shopping, taking my cat to the veterinary
明日やること： 掃除、洗濯、食糧買い出し、猫を獣医に。

What am I gonna do tomorrow? I know I'm cleaning the room in the morning. Maybe I'll go out in the afternoon. Need to get a haircut.
明日何しようかな。午前中の部屋の掃除は決まってる。午後は外出してみようかな。散髪しないと。

● **週末**

I'm off today :) 今日、休み。

It's the weekend! Woo hoo! 週末だ！ やった！

Wishing I was playing a video game, watching a movie, eating junk food & laing down. ALL at the very same time.
ゲームをしながら、映画を見て、ジャンクフードを食べながら、寝ていられたらな。全部、同時に。

Chapter 2 　自分からTweetしてみよう

Spending time/the day with my family.
家族と過ごす。

Staying home all day.　　一日中、家に（引きこもり）。

It's Sat but got work to do. :-'(
土曜日なのに仕事とは。

Taking my sister to see a movie, then to Kinokuniya to get her some books for her birthday :)
妹を映画に連れて行って、それから紀伊國屋に行って、妹の誕生日祝いに本を買ってあげる。

No shopping today.　I'll just hang out with my babies :)
今日は買い物なし。赤ちゃん（子供）たちと過ごす。

Shopping @Uniqlo. Then lunch @il ponentino with my friend @tweetineng.
ユニクロで買い物。それから友人@tweetinengとイル・ポネンティーノでランチ。

＊初めの2つの@は、場所の"at"の意。

Havin Shabu-shabu with my mom and dad :)
ママとパパとしゃぶしゃぶなう。

＊havin, havin' = having

Waiting in line for car wash at a gas station.
ガソリンスタンドで洗車待ち。

I'm at the post office.　HUGE line!　Hate lining up!!
郵便局にいる。長い列！　並ぶの大嫌い！

Reading my book while waiting at the dr's office.
医者で待っている間に本を読んでるところ。

＊dr = doctor

I'm at a stinking realtor's office now.

クサった不動産屋の事務所なう。

＊stinking = 感じの悪い、腹の立つ、いやな 　　 realtor = 不動産業者

Can't believe I gotta go back to school.

学校に戻らないといけないなんて。

School tomorrow. Ughh, this sucks.

明日、学校。あ〜、最悪。

＊suck = 最悪、ウザいなどを意味する俗語。

Back to the grind tomorrow.

明日、ルーティンに戻る。

＊grind = 骨の折れる仕事（勉強）、ルーティンなど。

After today, I won't have a day off for a while. Got a haircut, cleaned the room, watched the TV and relaxed. It was a good weekend.

今日が終わったらまたしばらく休みなし。髪切ったし、部屋掃除したし、テレビも見たし、休んだし、良い週末だった。

Hmm done nothing today.

むむむむ、今日は何もしなかったな。

● **家事**

Going to spend all day today cleaning my apartment.

今日は一日かけてアパートを掃除。

Going to clean my room. I'm tweeting myself into it.

部屋掃除。つぶやくことでやらざるを得なくする。

*talk +(人)+ into ... =（人が）〜するように言い聞かせる、説き伏せる
類似表現：talk +(人)+ out of ... =（人が）〜しないように言い聞かせる、説き伏せる

Have to do the dishes.　　食器洗わないと。

There's a pile of dishes in the sink!

流しに食器が山盛り!

Just finished the wash/laundry.　　洗濯終えたとこ。

Got to do the wash every day, w/ 3 kids!

子供が3人いるから、洗濯は毎日しないと。

It's raining today so hanging clothes inside.

今日は雨なので、洗濯物は室内に干そう。

The kids' rooms are a big mess.

子供の部屋はもうカオス。

Going grocery shopping.

（食料品の）買い物に行くところ。

　Going to grocery shop.

What should I cook tonight?　　今晩、何、作ろう？

Got to start cooking.　　ご飯の支度、始めないと。

Don't feel like cooking today.

今日は料理する気なし。

Wish I could hire a maid.　　メイドを雇えたらなあ。

Went grocery shopping and now cleaning the house.

買い物に行って、家の掃除なう。

My sister is cleaning her room. Her boyfriend must be coming over.
妹が部屋を掃除している。彼氏が来るに違いない。

Better clean the bathroom. トイレ掃除しないと。

● 招待・会う約束をする

I will call you tonight. We will meet you on Sun.
今晩、電話する。日曜に会おう。

We need to meet up sometime.
近いうちに会わないとね。

＊meet up = get togetherの意味。meet単独での使用と同じ意味だが、若い世代の間では"meet up"が主流。

Maybe we can get together again sometime.
近いうちにまた会おうね。

We still really need to get together for lunch.
ホント、一緒にランチしないとね。

On the way to Club 24. Meet me there.
クラブ24に向かっているなう。そこで落ち合おう。

Movie later?! 後で映画どう？！

Movie day/night with the homie! If anyone wants to join, just let me know.
仲間と映画の日(夜)！ 来るなら、連絡して。

＊homie = homeboy, homebuddy ダチ、親友、同郷人、ギャングメンバー。

Join us tonight at 8pm for movie and hot pot!
今晩8時に映画と鍋、集まれ！

Bring work. Go to bank and shopping, then come straight here.

仕事持っておいでよ。銀行行って、買い物行って、そのままここにおいでよ。

I'm thinkin maybe a small get-together Saturday night?? thoughts? We could do movies or something?

土曜の夜に小さな集まりをどうかと思ってるんだけど？？　どう思う？　映画か何かどう？

＊Thoughts? = any thoughts?
　do = 日本語の「する」と同様に、"Let's do lunch"（お昼しよう）"I can do Saturday"（土曜OK）などあらゆる行為に用いられる。

Dinner & a movie, ─ Sounds good to me!!

ディナーに映画。いいね！

He canceled last minute.　　　彼がドタキャンしてきた。

It was canceled last minute.

ドタキャンされた。

＊ドタキャン= last minute cancellation

Just made a list for the birthday party. Who is coming?

誕生日パーティーのリスト作ったとこ。来る人は？

@getglobal @tweetineng are in. Anyone else #B-dayparty?

@getglobal @tweetineng が参加。他に誰か？

＊… in = 〜に参加　e.g. "I'm in."（私、参加する。）
　#以降はハッシュタグ。詳しくはp.39参照。

Should we have a tweetup at XYG? Would like to meet more of my fellow tweeps. #tig

XYGにツイッター仲間で集まる？　他のツイッター仲間ともっと会いたい。

● 天候

What a nice day! なんていい日！

It's a nice day, but a bit windy.
天気いいけど、ちょっと風がある。

Another hot day. また今日も暑い。

It's so humid today. 今日は蒸し暑い。

Freaking hot here. ここは死ぬほど暑い。

Freezing! さむー！

Not as cold as I thought. 思ったほど寒くない。

I think it's getting hotter every year.
毎年、暑くなっているように思う。

It's raining like crazy. すごい雨が降っている。

Raining again… また雨…。

Just had a shower. 夕立があったところ。

It was pouring and I'm soaked.
どしゃ降りでずぶ濡れになった。

Just stopped raining. 雨が止んだところ。

Guess the rainy season started.
梅雨が始まったみたい。

Hope it won't rain this weekend.
今週末は雨が降らないといいんだけど。

Wow, a big typhoon on the way.
ワオ、大きな台風がやってくる。

We need the sun tomorrow! 明日は晴れてくれ！

It's snowing here. ここは雪が降っている。

Cold here in Sapporo, -2 degrees and about 15 cm of snow on the ground.
札幌では寒くて零下2度、地面には15センチほどの雪。

It's freezing today, don't want to go out…
今日はすごく寒いから、外に出たくない…。

Hate going out in the rain.
雨の中、外に出るのはイヤだな。

● 健康

I'm sick and staying home today.
今日、体調不良で家にいる。

I'm coming down w/ something. Better take some zinc.
風邪引いたような感じ。ジンク（亜鉛）を飲まないと。

＊come down with … = 〜にかかる　「調子が悪い」「風邪引いたみたい」の定番表現。

Don't feel well. Too busy to get sick.
調子が悪い。忙しくて病気になってる場合ではないが。

Maybe I've got a cold. Better go back to bed.
風邪引いたかな。布団に戻った方がいいな。

Should stay home today. 今日は家にいるべき。

Staying in bed all day today. 今日は一日布団の中。

I feel dizzy and couldn't get out of bed this morning. My husband fixed breakfast for the kids.
めまいがして、今朝、起きられなかった。夫が子供の朝食を用意してくれた。

I have a fever. Hope it's not the flu.

熱がある。インフルエンザじゃなきゃいいが。

＊flu = influenza　一般に、influenzaではなくfluが用いられる。

Must be allergy. Can't stop sneezing.

きっとアレルギー（花粉症）。くしゃみが止まらない。

＊花粉症は、通常、allergyと呼ばれる。

My nose was running so I took cold medicine and now I'm drowsy…

鼻水が出てきたので、風邪薬飲んだら、頭がボーっとして眠たくなってきた…。

Pretty bad headache. Can't work…

超頭イタイ。仕事できない…。

My stomach hurts.　　お腹いたい。

＊"I have a stomach pain" とは、あまり言わない。
「痛み = pain」と覚えている人が多いが、日本語の「傷み、痛み」を表す英語表現には複数あるので、使い分ける必要あり。

Having cramps. Where's the aspirin?

（生理痛で）お腹痛い。アスピリンどこ？

I have a cramp in my leg(calf).

足（ふくらはぎ）がつってる。

＊cramp = さしこみ、けいれん。生理痛の場合は複数。

Having back pain.　　背中痛い。

I strained my neck while sleeping. Can't turn it.

寝違えて首が痛い。首を曲げられない。

My knees hurt.　　ひざが痛い。

My arthritis hurts on a rainy day.

雨が降ると関節炎が痛む。

Pain in my right arm. Might be tendinitis. Hurts when I write and type.
右腕が痛い。腱炎かも。書いたり、タイプすると痛む。

Just had a tooth removed/taken out.
歯を抜かれたところ。抜歯したところ。

Painkiller is wearing off. HURTS SO BAD!
痛み止めが切れてきた。メチャクチャ痛い！

Having a hard time going to sleep lately.
最近、なかなか眠れない。

Can't sleep lately.
最近、眠れない。

Suffering from insomnia.
不眠症に悩まされているなう。

● 美容

Gained 2 kilos this week. Agrrrrrrrrrrrrrrrrrrr.
今週2キロ増えた。ギャーーー！

My skin is breaking out. Must be the stress!
肌が荒れてる。きっとストレスのせい！

My skin feels so dry.
肌がカサカサ。

My skin looks terrible. Not going out in the sun anymore!
肌がボロボロ。もう日になんて当たらない！

Wow, look at all these freckles on my face!
げっ、見て、この顔のすごいソバカス（シミ）。

I see I'm getting old…
年を取ったっていうことか…。

Hate getting old!　　年、取りたくない！

● 勉強

Doing my homework now. Ew, I hate this crap.
宿題なう。あー、ウザイ、こういうの。

Listening to Exile and BS-ing homework.
エグザイルを聴きながら、宿題を適当に。

*BS = bullshit　いい加減なこと、ウソっぱち。baloneyの方が上品。 e.g. That's BS. そんなのウソっぱち(よくそんないいかげんなことを)。

Well, at least listening to AKB soundtrack will lift my spirits as I avoid piles of homework.
あー、少なくともAKBのサントラを聴いていると、山ほどある宿題を避けている私の気分はマシになる。

Working on my report. Due tomorrow.
レポート作成なう。明日提出期限。

My report is due tomorrow. I just started…
レポート明日提出期限。今始めたところ…。

This paper is due tomorrow and I haven't even read the book yet.
このレポート、明日提出期限だけど、まだ本を読んでもない。

No way I can finish this by tomorrow.
これを明日までに終えるなんてできっこない。

There is absolutely no way this book report is gonna get finished tonight.
この読書感想文が今夜完成するなんて、絶対あり得ない。

Definitely didn't finish that book. Oh well, I'll just hand it in late.

結局、本、読み終えられなかった。　う〜、よし、遅れて出そう。

Will have to stay up all night.

今夜は徹夜だ。

Never-ending report/thesis writing…

レポート（論文）書きは永遠に続く…。

Preparing for the exam.

試験の準備中。

2 more tests tomorrow & I'm doneeee!!!

試験あと2つ、それで終わりー！！！

＊doneeee = doneを強調したもの

Need to do better this time.

今回はもうちょっとがんばらないと。

I'm out of luck for that geography test on the book I didn't read.

あの地理の試験は運が悪かったな。読まなかった本の内容だったから。

Can't memorize all these facts…

こんなの全部覚えられない…。

I have things to do, but not doing them. Procrastinating…

しないといけないことがあるのに、してない。グズグズ引き伸ばし…。

Falling asleep. Need some coffee.

寝そうだ。コーヒー飲まないと。

Oh wait. Looks like I brought my physics book by accident. Well, gotta study!

え、ちょっと待って。物理の本、間違えて持ってきてしまったみたい。あ〜あ、勉強しないと！

I already knew this but DAMN, history involves a lot of writing... book reports, analytical essays, etc.... Sheesh, gonna be sum late nts...

わかってたんだけど、チクショー！ 歴史ってのは、感想文とか分析エッセイとかいっぱい書かないといけないんだよな。あーあ、これからは夜遅くまで勉強しないといけないな。

＊gonna be sum late nts = there are gonna be some late nights

● 就職活動・学校探し

Got to start looking for a job. 就活、始めないと。

Looking for an engineering job.
エンジニア職探してる。

Wanna work for Best Company!
ベストカンパニーに就職したい！

Trying to get on with a TV station.
テレビ局に入ろうと思ってる。

Applied for 5 companies this week.
今週、5社に応募。

Took an exam to work for the city/prefecture yesterday.
昨日、公務員（市・府職員）採用試験を受けた。

Having a job interview tomorrow.
明日、就職面接。

Just got a notice. Didn't get the job.
通知来たとこ。不採用。

Didn't hear back from the company…
あの会社から返事なかった…。

Got a job! Wow!!　　採用決定！　やった！！

Just got laid off.　　レイオフされたとこ。

Today was my last day at work.
今日が仕事納め。

Should I look for a job or go back to school?
就活するか、学校に戻るか？

Applying for B-school in the US.
アメリカのビジネススクールに応募する。

Just applied for UCLA.　　UCLAに応募したとこ。

Just got accepted by Columbia.
コロンビアから入学許可を受け取ったところ。

● **家族**

I have 4 boys of my own. Youngest just turned 6.
うちは男の子4人。一番下が6歳になったとこ。

That is hard. I've got 3. We are never able to get away, ever... It sucks. Ya, I know the feeling lol.
それは大変。うちは3人だけど。（子供からは）逃げられないもの、絶対に。最悪。うん、わかる、その気持ち（爆）。

Youngest recently turned 1. The oldest is 9. Have a baby on the way in a couple of months, not me personally. lol
一番下がこの間1歳になって、一番上が9歳。2ヵ月くらいで赤ん坊が産まれる。俺が自分で産むわけじゃないけどね。笑

How old are they? Babies or toddlers?
（お子さんたちは）いくつになった？　赤ちゃん、それともよちよち歩き？

Not sure why, but my son is crying now.
なぜか知らんが、息子が泣いている。

Tweeting from iPhone while my daughter is on my back.
娘をおんぶしながら、iPhoneからつぶやくなう。

Saw my daughter in the morning. Been a while. Haven't spent much time w/ my family during the week lately. Not good.
朝、娘に会った。久しぶり。最近、平日は家族と過ごす時間が少ない。いかん。

I'm proud of my work, but my family must miss me.
私は自分の仕事を誇りに思うが、家族にはさびしい思いをさせているに違いない。

I can't believe how fast the kids grow. Guess they grow without a father... Should take them out soon.
子供の成長ぶりに驚かされる。父はなくとも、子は育つか…。近いうちに家族をどこかへ連れて行こう。

My husband works late every night and on the weekend. He's having a hard time getting up in the morning. I feel sorry for him.
土日休みも返上で、毎日遅くまで残業の夫。起きるのもつらい姿を見るとかわいそうになってくる。

My husband is home today. I can't watch TV or clean the house. Sucks.
今日は夫が在宅。TVは見れない、掃除もできない。最悪。

Is that how the wives see their husbands?
妻って、そういうふうに夫のこと見てるの？

Is that how the husbands are treated?
夫はそんなふうに思われるの？

I can't let my hubby know this…
ダンナにバレたらヤバイかも…。

My husband went to drink after work last night and hasn't come home yet. Can I give him a hard time?
夫は昨夜、仕事の後飲みに行って、まだ帰らず。いじめてもいいですか。

Since we had an argument on Sat, my husband won't talk to me. Whenever I ask, "Are you mad?", he says no. If he's mad, he should tell me so!
土曜日に喧嘩して以来、夫が口を聞かないので「怒ってるの？」と聞くと、怒ってないと言う。怒ってるなら怒ってるって言えばいいのに！

My wife snaps when I don't answer her call.
うちの嫁は電話に出ないとキレる。

I was going to buy iPad right after I bought iPhone, but my wife wouldn't let me…
iPhone買ってすぐにiPad買おうと思ったら、嫁にダメだと…。

Damn it. I still can't let it go. My wife pissed me off!
はぁ、まだ許せない。嫁、ムカつく！

Our remodeling is way over budget! My wife's dream plan is scary.
我が家のリフォーム代、完全に予算オーバー。怖るべし、嫁のドリームプラン。

My husband's mother has been hospitalized. Her condition turned critical and we all went to the hospital.

夫の母上は入院中。その容態が急変し、みんなで病院へ。

MIL improved overnight and we came home at 3am. She was conscious and kept talking to us. Couldn't believe she was in critical condition.

義母は夜中に持ち直し、私たちは午前3時に帰宅した。義母は意識もしっかりしていて、ずっと私たちとおしゃべりしてた。危篤とは信じられず。

＊MIL = mother-in-law 義母

興味のあることをつぶやく

● テレビ・映画

Watching Desperate Housewives.
「デスパレートな妻たち」を見るなう。

Just watched the last episode of Heroes, my fave drama.
お気に入りのドラマ、「ヒーローズ」の最終回を見終わったとこ。

Going to watch the evening news now.
イブニングニュースを見るところ。

Good thing I recorded it coz I fell asleep. Had a long day yesterday!
よかった、録画しておいて。寝てしまったから。昨日は長い一日だった！

＊Good thing = (It's a good thing that …) 〜でよかった。

Meant to tape the show, forgot to program…
番組を録画するつもりだったのに、予約するの忘れた…。

Up all night watching all the episodes of Ganbare! Kumusun.
「がんばれ！クムスン」の全編見るために一晩中起きてた。

Yes, it's amazing… like I can watch it all day and every episode is like it's one lil movie.
そう、すごいよ…一日中見ても平気、みたいな、各編がミニ映画、みたいな。

＊like = 日本語のぼかし表現の「〜みたい」に似た若者の間で多用される表現。

My wife is taking a nap in the living so I can't watch TV. My show is starting soon…
妻がリビングで寝ているのでテレビが見られない。もうすぐ番組が始まるというのに…。

Woke up feeling great... Turned to news on TV. Feel down now... Hurts me to see people suffer like this… It's heart wrenching.

すごくいい気分で起きて、テレビのニュースつけたら、気分はブルー。こんなふうに皆が苦しんでるのを見るのはつらい。胸がしめつけられる。

Watching movie Ray. 映画「レイ」を観ているなう。

Watching a movie with my BF.

彼氏と映画鑑賞なう。

＊BF（boyfriend）= 彼氏。日本語の「男友達」とは意味が違う。

Me and my hubby watched Avatar and I think it's an amazing movie!

ダンナとアバター見たけど、すごい映画だと思う！

＊me and my hubbyは "My hubby and I" の口語形。使用はお勧めしない。

Finally saw Avatar! A little predictable but otherwise a really good movie.

やっと「アバター」を観た！　ちょっと先が予想できちゃったけど、それ以外はすごくいい映画。

Man, this movie is awesome.

うーん、この映画はすごい。

＊man = Geeなどと同じ感嘆を表す表現

That's my fave part of the movie.

それが映画で気に入ったところ。

It's a hilarious movie. Even more so, if you're into rock music....

傑作な映画だよ。とくにロックに興味があればね。

Funniest movie in a looooong time! Can't wait for the sequel!

こんな面白い映画はひっさしぶり！　続編が早く観たい！

It was a good movie... but I'm not crying, just got something in my eye.

いい映画だった…。俺は泣いてなんかないよ。目の中に何か入っただけ。

This movie is so boring I almost fell asleep...

この映画メチャつまらん。寝そう…。

It's a pirate movie that is soo lame and cheesy.

全然、大したことのないチープな海賊映画だけどね。

I didn't care for it. Maybe I just didn't get it, but the movie missed me completely, on all levels.

私は気に入らなかった。私が理解できなかっただけかもしれないけど、すべての点でしっくり来なかった。

After reading the book... the movie sucks.

原作を読んだ後だと、映画はだめだめ。

He was kinda hot in the scary movie "Copycat" circa 95 http://www.imdb.com/

95年くらいのホラー映画「コピーキャット」で、彼はちょっとセクシーだった。

Robert Downey Jr's body is lookin all kinds of sexy in this movie. Yum.

この映画で、ロバート・ダウニー Jr.の体はすっっごくセクシー。おいしそう。

*all kinds of ＝ 大量の、すごい。　e.g. He has all kinds of money. 彼は大金持ち。

Oh Andy, your taste in comedic entertainment is faulty. The Hangover is the funniest movie of this generation.

おお、アンディ、君のコメディ的エンタメの趣味は間違ってるね。「ハングオーバー」は、この時代一番面白い映画だよ。

A very intellectualish review of a decidedly un-intellectual movie. It was made to entertain, not debate or inspire.

全く知的でない映画に対する非常に知的っぽい批評だね。あれは、娯楽用に作られたもので、議論したり、ひらめきを喚起したりするために作られたのではないよ。

＊intellectualish ＝ intellectual っぽい、という意味の造語。

I've been wanting to see that movie.

あの映画、ずっと観たいと思ってた。

RT @tweetineng: so wanna c that new movie... has any1 seen it? >Me too. It's 3D

そんで、あの新作観たい。誰か見た人いる？ ＞ 私も観たい。3Dだよ。

＊＞以下は返信

UR gonna see dat anime movie? Bring some migraine medicine haha

あのアニメ映画が観たいって？ 偏頭痛薬持っておいで、ハハ。

It had good ratings. Enjoy your movie.

（その映画）評価よかったよ。楽しんでね。

Some guy in my class looks like he's from the movie Grease!

うちのクラスに映画「グリース」に出てくるような奴がいる！

Anyone know where I can legally download a copy of the movie "Food Inc."?

「フード・インク」を合法的にダウンロードできるところ知ってる人いる？

Wasn't that a line in a movie?

それって、映画のセリフになかったっけ？

● 音楽

Listening to Keith Sweat. He really has some good stuff!

キース・スウェットを聴いてるなう。彼の曲は、ホントいい！

*stuff = もの、こと。あらゆる「もの」「こと」に使える。 e.g. She was talking about all kind of stuff.　いろんなことしゃべってた。

Listening to the "Hip Hop/R&B" station @SlackeRadio

スラッカーラジオの「ヒップホップ/R&B」局を聴くなう。

Listening to a combination of contemporary pop, swing and jazz music. Micheal Buble is awesome.

コンテンポラリーポップ、スイング、ジャズの混ざったのを聴いている。マイケル・バブル最高。

Join me, wont you? http://twitjpl.y

一緒にどう？（あなたも聴かない？）

Just bought 2 tickets for aiko's concert.

aikoのコンサートのチケット2枚買ったとこ。

Simply awesome music from Naturally 7 http://twitjpl.y

ナチュラリー7の音楽はなんといってもすごい。

Mmm I love listening to Lady Antebellum.

う〜ん、レディ・アンティベレム聴くの大好き。

Having one of those days where I can't stop listening to the same song over and over again...

同じ歌を何度も何度も聴きまくるのがやめられないというそんな日だな。

(I've) Been listening to music all dayyyy everydayyyyyyyy =)

音楽を聴いてる。まいにちいいい、いちにちじゅうううう。

Ok I admit I did like that song a little too much for like 2 weeks.

よし、認めよう、あの歌に、2週間ほどちょっとはまりすぎたこと。

＊I did likeのdidは強調を示す。e.g. I sure did it. はい、確かにしましたよ。

I can be completely content by listening to slow R&B all day while playing spider solitaire.

私は、スパイダーソリティアをやりながら、一日中、スローなR&Bを聴いて、完全に満足できる人。

Listening to him makes me smile a lot.

彼（の歌）を聴いているとよく笑顔になる。

Oh, how her music soothes my weary soul.

あ〜、彼女の曲は僕の疲れた魂をなんて癒してくれることか。

Aah! this song reminds me of last year... Ah I feel like I'm gonna cry.

ああ！　この歌聴いてると去年を思い出す。うーん、泣きたい気持ち。

Listening to this CD reminds me of my x-girl friend... I kinda miss her.

このCD聴いていると、元カノを思い出すな…。ちょっと懐かしいな。

Chapter 2 自分からTweetしてみよう

Found the Exile CD I've been looking for!
ずっと探していたエグザイルのCD見つけた！

● ゲーム

Playing Dragon Quest IX.
ドラゴンクエスト9をプレイなう。

Still playing Final Fantasy XII.
ファイナルファンタジー 12をまだプレイ中。

I just got done playing Pheonix Wright for the first time.
初めて逆転裁判（フェニックスライト）をプレイしたところ。

＊get done = finished

Finally completed the Werewolf quest line in Dragon Age.
ドラゴンエイジの人狼クエスト編をやっと完結したところ。

Just put Dragon Age to rest. Thank gawd, threw far too many npc "friends" under the bus in my quest for power and love.
ドラゴンエイジを置いたところ。幸いなことに、権力と愛を追い求めるうちNPCの「友」らをバスの下に投げすぎた。

＊put ... to rest = 〜を休める、止める。
　gawd = god

Just got done playing Wii Super Mario Bros. with my son... for three hours!!! We couldn't help ourselves ~ it's addicting. Good family time.
Wiiのスーパーマリオを息子とプレイし終わったところ…。3時間も！！！やみつきになって、やめられなかった〜。いい家族のだんらん。

Just booted up dragon quest 5 for the first time. The music is damned good.

初めてドラゴンクエスト5を立ち上げたところ。音楽がメチャいい。

Just installed the Final Fantasy 11 2-week trial. It's nearly 5am. If it's anything like WoW, I'll be going to bed about midday.

ファイナルファンタジー11の2週間お試し版をインストールしたところ。午前5時近く。WoWみたいなのだったら、寝るのはほぼ真昼間。

Bit bored; might leave to play Dragon Quest IV soon. :)

ちょっと退屈。もう少しするとドラゴンクエスト9をプレイしに行くかも。

I have 5 games left to play that I own. Zack&wiki, Fallout 2, Fallout Tactics, Phoenix Wright 3, and Dragon Quest 4.

持っているゲームでプレイしていないのはあと5つ。ザック＋ウィキ、フォールアウト2、フォールアウトタクティクス、フェニックスライト3、ドラゴンクエスト4。

Ok, I've been playing Dragon Age for 6 hours today and I've still not finished the 1st main quest.

ええと、今日ドラゴンエイジを6時間プレイし続けているが、最初のメインクエストをまだ終えていない。

Well, I am off to play some Final Fantasy. Nothing good on TV.

えーっと、ファイナルファンタジーをプレイしてくる。テレビ、いいの何もやってないし。

I guess I could recommend Dragon Quest 4 or 5, but dunno how you would react to Toriyama's more cartoony artwork.

ドラゴンクエスト4か5を勧めてもいいけど、鳥山のより漫画チックなアートワークに君がどう反応するか。

＊dunno = don't know

My arms hurt... too much baseball and tennis on the Wii today :)

腕が痛い。今日、野球とテニスのやりすぎ、Wiiで。

Just beat by @getglobal in Wii table tennis. Unacceptable!!

Wiiの卓球で@getglobalに負けたところ。受け入れられない！

Playing baseball on the Wii and listening to the Funky Monkey Baby's is so much fun! :D I wish I knew how to play baseball in real life...

Wiiで野球をやりながら、ファンキーモンキーベイビーズを聴くのは超楽しい！　実際に野球のやり方を知ってたらな…。

My family just left. This is the only time I can play the game. No time to waste!

家族が今、出て行った。ゲームができるのは今しかない。一刻も無駄にできぬ！

● 読書

Reading Twitter Power. Suuuuuuuch a good book.

『ツイッターでビジネスが変わる』読んでるなう。すううううっげえいい本だ。

I loved the book, Joy Luck Club.

『ジョイ・ラック・クラブ』って本大好き。

I've read that 5 times and I cry every time I read it.

それ5回読んだことあって、読む度に泣く。

This book that I finished was really good...

読み終えたこの本、すごくよかった…。

Almost finished "Shiin Fumei Shakai" by T. Kaido. A phenomenal book that has explained so much to me.

海堂尊の『死因不明社会』をもうちょっとで読み終える。非常にいろいろ教えてくれたすばらしい本。

Just finished "Harry Potter and the Sorcerer's Stone. " 1st book in the Harry Potter series. Great read... on to the 2nd one now!

ハリー・ポッターシリーズの第一作『ハリー・ポッターと賢者の石』を読んだところ。すごいよかった。次、二作目なう!

*read =（口語）読んだもの。e.g. satisfying read 満足できる本
　on to ... =（次は）〜に進む、移る

Finally finished "The Lost Symbol", not impressed w/the last half. It dragged.

やっと『ロスト・シンボル』を読み終えた。後半はあんまり感心しなかった。苦痛だった。

Halfway finished with the Awakening. Can't stand the book, but will finish it tomorrow.

『目覚め』半分読んだけど、この本、耐えられない。でも、明日、読み終える。

I hate this book, I hate this book, I hate this book. UGH.

この本キライ、この本キライ、この本キライ。キーッ!

Finished the book. Practically read a 300 page book in one day.

本を読み終えた。正味、一日で300ページの本を読破。

When I finish my 5th Diana Gabaldon book, I'm going to reread Twilight.

ダイアナ・ガバルドンの本、5作目を読んだら、『トワイライト』を読み直すつもり。

Get Twitter Power: How to Dominate Your Market One Tweet at a Time : Joel Comm.

ジョエル・コムの『Twitter Power：あなたの市場を1ツイートで一度に占拠する方法』を読んでごらん。

That's a good book, Don. A very fine book indeed.

ドン、あれはいい本だよ。実によくできた本。

I got Billy that book for Christmas! It's so so awesome.

クリスマスにビリーにその本あげた！　すっごくすっごくいい。

I'll check it out. I heard her on the radio talking about her new book.

チェックしてみる。(著者が) ラジオで新作の話をしてるのを聞いた。

He's a good writer/author.

あの人、いい作家（著者）。

John Loftus has a new book out called "The Christian Delusion" that looks rather intriguing.

ジョン・ロフタスが『クリスチャンの妄想』という新作を出した。すっごく魅かれるものがある。

I'll be tweeting about all the books I read.

読んだ本全部についてつぶやく。

Hey, gimme back that library book!

おい、あの図書館の本、返せよ！

＊gimme = give me

● スポーツ

I jog 5km every morning. 毎朝、5キロジョギング。

I play soccer every Sun. 毎日曜、サッカーをする。

I swim three times a week. 週に3回水泳。

I lift weights at the gym every day.
毎日、ジムでウェイトトレーニング。

Out for a jog. ジョギング行ってくる。

Had a lovely hour-long jog today.
今日、1時間、快適なジョギングをした。

Just finished a short jog to clear the mind.
頭をすっきりさせるために軽くジョギングをしてきたところ。

Went for a 5km jog just now. Drizzly, but MUCH better jogging weather than yesterday!
5キロのジョギングに行ってきたなう。しとしと降ってたけど、昨日よりは断然いいジョギング日和。

We are going for a jog at noon today. Are you coming?
今日正午にジョギングに行くけど、あなたも来る？

Just did 30 minutes of aerobics.
エアロビクスを30分やったとこ。

Just started a Yoga class this week.
今週、ヨガのクラスを始めたところ。

I skipped the gym 2nite. 今夜、ジムはパス。

I'm sore from playing badminton yesterday.
昨日、バドミントンをして体が痛い。

＊運動などをして体の節々が痛い場合は "pain" でなく、"sore" を使う。

Worked w/ my PT today. I'm pretty sure I won't be able to walk tomorrow.
今日、パーソナルトレーナーとトレーニング。明日、歩けないと思う。

*PT = personal trainer

My only exercise in the past week has come from the Wii... aaaaand I am REALLY sore.
この一週間した運動といえばWiiだけ…。うっわ、体、めちゃ痛い。

About to go play catch w/ my son.
息子とキャッチボールをしに行くところ。

Plan to buy new running shoes.
新しいランニングシューズを買うつもり。

I just signed up for the gym. Now if I only I could find the time to go!
ジムに入会したところ。あとはジムに行く時間さえあれば！

● スポーツ観戦

Going to a ballgame tonight.
今夜、野球の試合を見に行く。

Where are the Tigers playing today?
今日は、タイガースはどこで試合？

Agrrrrrrrrrrrrr, the Giants lost :-'(
うわーーー、ジャイアンツが負けた。

Who are Mariners playing tonight?
今夜、マリナーズはどこと試合？

Go Mariners!　　　　がんばれマリナーズ！

Yes, Godzilla, way to go!　　　やった、ゴジラ、その調子！

It's in extra innings. 延長戦。

All right! My Mariners beat the Angels!!
やったー、私のマリナーズがエンジェルズに勝った！

Matsui isn't doing well. Must be disappointing for Angels' fans.
松井の調子が悪い。エンゼルスファンはがっかりだな。

He wants to go to the Major Leagues.
メジャーリーグに行きたいらしい。

＊Major League Baseball (MLB)、major league careerのように形容詞的に使われる場合はleagueは単数だが、Major Leagues単独では複数。

No, Taguchi was with the Cardinals.
違うよ、田口はカーディナルズにいたんだよ。

The old lady at my lunch joint knows so much about the Major Leagues.
ランチにいつも行く店のばあさんが、メジャーリーグに半端じゃなく詳しい。

Wow, if the Global World Series materializes, that'll be really a dream game. Giants v. Yankees?
ワオ、もしグローバルワールドシリーズが実現すれば、本当にドリームゲームだ。ジャイアンツ対ヤンキーズ？

We have the Olympics and the World Cup this year, but baseball is the BEST!
今年はオリンピックやワールドカップがあるけど、やっぱ野球が一番だ！

Yeeeeeeeeeeeeeees, penalty for Gamba! He's gotta make it.
よっしゃーーーーー、ガンバにＰＫ！　ゴール決めろよ。

9 more min.　Hara, you're the man!
あと9分。原、オマエが頼りだ！

Shoot, he missed it.　　　ちっ、ミスりやがった。

Oh, shucks!　　あーあ、チクショー！

The second half just started.　　　後半始まったとこ。

Phew, they almost scored.
ふ〜、ゴールされそうだった。

I can't wait for the World Cup!
ワールドカップが待ち遠しい！

We gotta go to the World Cup!
ワールドカップ行かねば！

At the World Cup, Japan might be beat by Holland but will beat Denmark.
ワールドカップで、日本はオランダには負けると思うけどデンマークには勝つぞ。

Who do you think will win the World Cup?
どこがワールドカップで優勝すると思う？

I wish I could go to S. Africa for the World Cup. How long is the flight?
ワールドカップを観に南アフリカに行けたら。フライト何時間？

The Winter Olympics just started.
冬季オリンピック開幕。

Go Japan Go!　　ガンバレ、日本！

Looking forward to the figure skating.
フィギュア楽しみ。

I respect all the people in the Olympics, but I'm just not really excited about the Olympics this year except for the speed skating.
オリンピック参加の皆さんは尊敬しますが、今年の冬季オリンピックは、スピードスケート以外は興味ないんだよね。

Wow, Aiko Uemura is following me! Go, Uemura!
おー、上村愛子がフォローしてくれてる！　上村ガンバレ！

Japan got more medals than I thought.
日本は、思ったよりメダル取ったな。

I'm jealous. I wish I could watch the games in person.
いいな、私も実際に試合を観たかった。

What Olympics?!　　オリンピックって、どの？！

You lose sleep during the Olympics. And the World Cup is coming after that.
オリンピックの間、睡眠時間が減る。そして、その後、ワールドカップがある。

● ショッピング

Went shopping with a friend today.
今日、友だちと買い物に行った。

Shopping with Jun in Shibuya and enjoying a midday coffee.
渋谷でジュンと買い物、午後のコーヒーを楽しむなう。

Shopping for winter clothes at Uniqlo.
ユニクロで冬服ショッピングなう。

Back from shopping :) I hate it when I like something and the store doesn't have it in my size!

買い物から戻った。店でほしいのを見つけたのに、私のサイズがないと腹立つ！

Just bought a bunch of junk food!

ジャンクフードをたくさん買ったとこ！

I bought some new boots again and I LooooVE them! And my mom says that I need to stop buying so many shoes... blah blah blah!

また新しいブーツを買ってしまった。すごぉーく気に入ってる！　でもママは靴ばかりたくさん買うのやめなさい、とかゴチャゴチャ言う！

＊Blah blah blah = なんやかんや、ゴチャゴチャ

Thanks to sales, I just saved 10,000 yen while shopping for clothes.

セールのおかげで、服を買うのに1万円節約できたところ。

Shopping right now, but exhausted.

買い物中だけど、ヘトヘト。

Have to go buy new outfits for myself... too tired to even shop.

新しい服を買いに行かないといけない…疲れてて買い物すらできない。

Got bills paid... now let's have a little fun shopping!

各種請求書の支払完了したんで、買い物してちょっと楽しまないと！

Trying to decide if I need to buy a new DVD player.

新しいDVDプレーヤーを買うべきかどうか決めようとしてるなう。

Seriously considering buying the Nine soundtrack.

ナインのサントラ購入をマジで考えている。

I tried yesterday but B&Q don't stock snow shovels! Where can you get one, anybody?

昨日、買おうと思ったんだけど、B&Qでは雪用シャベルは置いてない！どこで買える？　誰か知ってる？

Surfing the net.　　ネット中。

Looking for bargains on Yahoo Auctions.

ヤフオクで掘出し物探すなう。

Bidding on iPhone on Rakuten Auctions.

楽オクでiPhoneを入札中。

Uploading pic to sell my bike on MSN Auctions.

MSNオクで自転車出品するのに写真をアップロードなう。

I couldn't resist Amazon selling a 12 qt Calphalon pot for 5,000 yen. Not sure when I'll need one that big, but oh well.

アマゾンが12クォートのキャルファロンの鍋を5,000円で売っているのを見過ごせなかった。そんなに大きいのがいつ要るかわからないけど、ま、いいか。

Where can we buy one? Your online shop is out of stock!!!!

どこで買えばいいの？　お宅のオンラインショップは在庫切れ！！！

Now I have to keep myself from impulse shopping online because now it's my credit on the line.

オンラインでの衝動買いは慎まないと、私の与信（クレジットカード）が危ない。

＊onlineとon the lineで韻を踏んでいる。

Chapter 2　自分からTweetしてみよう

● 流行

Here's the latest fashion in Tokyo:
これが東京の最新ファッションだよ。

I'm busy with "konkatsu"—spouse-hunting, Japan's latest fad :)
婚活で忙しい—結婚相手探し、日本での最新の流行。

I live w/ my roommate. House and apartment sharing is getting more popular among young Japanese.
ルームメートと暮らしてる。日本の若者の間で、ハウスシェアやアパートシェアの人気上昇中。

More and more guy use the bathroom sitting on the stool in Japan.
日本では、便器に座って用を足す男性が増えている。

In Japan, too, pets are treated more like babies now, sometimes to a ridiculous degree.
日本でも、ペットが赤ちゃんみたいに扱われるようになっている。非常識な場合もあり。

● 旅行

I'm heading to Tokyo.　　東京に向かっている。

Going to onsen w/ my family.　　家族と温泉へ。

I'm in Okinawa. The weather is beautiful!
沖縄なう。すばらしい気候!

Visiting Kyoto. Magnificent!
京都を訪問中。すばらしい!

Just got to Tokyo Station.　　東京駅なう。

Jumping on the train to Osaka.
大阪行きの新幹線に飛び乗るなう。

Just arrived in Osaka. 　　大阪到着なう。

I'm visiting my parents in Fukuoka. I'm excited to see them!
福岡の両親を訪問。会うのが楽しみ（会えてうれしい）！

Just bought a plane ticket to NYC! Now I have to go.
ニューヨーク行きの飛行機のチケットを買ったところ！ こうなると行くしかない。

Just booked a flight to Paris.
パリ行きフライトを予約したとこ。

At Narita right now. Super crowded!
成田なう。混雑ぶり、やばい！

Having a snack before boarding.
搭乗の前におつまみなう。

Got do some duty-free shopping before leaving.
発つ前に免税店で買い物しないと。

Boarded. Taking off soon. 　　搭乗した。離陸なう。

My flight has been delayed. 　　フライトが遅れてる。

OMG, my flight has been canceled!
えっ、フライトがキャンセルになっちゃった！

Stuck at the airport. Not sure when I can fly.
空港で足止め。いつ飛べるのか不明。

I can't fly out until tomorrow morning.
明日朝まで飛べない。

Waiting for a ferry for Busan at the terminal in Geoje Island.
巨済島のターミナルで釜山行きフェリーを待つなう。

Drinking red wine, listening to jazz, looking forward to 4th straight day of skiing tomorrow. Life ain't half bad.
赤ワインを飲み、ジャズを聴きながら、明日からの4日連続のスキーを楽しみにしてる。人生捨てたもんじゃない。

Have a nice/great day/weekend!
よい日（週末）を！

Have a nice trip/flight!
よいご旅行（フライト）を！

Have a nice vacation!
よい休暇を！

● 風水

My friend is coming over to do feng shui on my apartment :)
友人が、私のアパートの風水をしに来てくれる。

Good Feng Shui in the bedroom begins with the bed.
寝室での優れた風水はベッドから始まる。

My office is big on Feng Shui. That's nice for an attorney's office ;-)
うちの事務所は風水に凝っている。法律事務所としてはナイスかな。

*big on = 凝っている、好きである

Here are some great feng shui tips for your home: http://twitjpl.y
ここに家庭向け風水のいいアイデアが。

Feng shui: an ancient Chinese term meaning to put your husband's junk on the street.
風水とは、夫のガラクタをゴミに出すことを意味する古代中国の言葉。

● 星占い

According to my horoscope, my lucky color for today is purple.
星占いによると、今日のラッキーカラーは紫。

Surrounding yourself with people who are more grounded than you is wise today — my horoscope.
今日は自分よりも地に足のついた人を周りにおくことが賢明—私の星占い。

Horoscope says: "Practice patience and consider other people's feelings before thinking of yourself." I'll try.
星占いでは「辛抱強く、自分のことよりも人の気持ちを考えるように」。やってみる。

Leo horoscope for the week starting Mar 21, 2010: This week you will start something you have never tried before.
2010年3月21日で始まる週の獅子座の星占い：今週は、今まで試したことのないことを始めるでしょう。

Ahhh, sooo scared how my horoscope is sooo true today.
うわ、今日は星占いがすっごく当たってて、怖い。

Yes, I read my horoscope, and it is ON POINT today!
はい、星占い読みました。で、今日はもうそのものずばり!

My horoscope told me to be selfish today.
星占いによると、今日はワガママになるようにと。

I'm Aquarius... What is your sign?
私はみずがめ座。あなたは?

What's up for your sign this week?
今週、アナタの運勢はどう?

Oh god, I can't get off this astrology site.
もーう、この占星術サイトにはまって抜けられない。

Do you believe in astrology? 　占星術、信じる?

We Scorpios don't believe in astrology.
私たちさそり座は、占星術は信じないんです。

What sign is the perfect match for a Gemini female?
双子座の女性にピッタリの星座は?

Can you tell my fortune ;-)　 　私の運勢を占ってくれる?

● 血液型占い

In Japan, people believe in the relationship between blood types and personalities.
日本では、血液型と性格には関係があると信じられている。

There are so many books in Japan that explain personal traits for each blood type.
各血液型の性格を説明する本が日本にはたくさんある。

My blood type is A. What's urs?
私の血液型はA型。アナタは?

U don't know ur blood type?!
自分の血液型知らないの？！

The most common blood type in Japan is A. I'm one of them.
日本で一番多い血液型はA型。私もそう。

This page shows the history of "blood typology": http://ow.ly/10GTE
このページに「血液類型学」史が載ってるよ。

I'm a typical Blood B according to this analysis: http://ow.ly/10GTE
この分析によると、私は典型的B型。

● 恋愛

I love my BF. xoxo 　　　彼氏大好き。
＊xoxo = 手紙やメールの最後に書くキスとハグを示す記号。　X = キス。O = ハグ。

I went bike-riding with my BF this weekend. It was fun :)
この週末、彼氏とサイクリングに行った。楽しかった。

I feel down. Wish I had a BF who would give me a big hug now.
落ち込んでる。こんな時に強くハグしてくれる彼氏がいたらなあ。

I wanted to spend the coming weekend w/ him, but he says he has to work. :-{
次の週末、彼と一緒に過ごしたかったのに、仕事しないといけないって。

I think my man is seeing someone else :-{ Going to get the evidence!

アイツ、浮気しているみたい。証拠つかんでやる！

*my man = 夫、彼氏
see ＋（人）= 〜と付き合っている。 e.g. Are you seeing someone? 付き合っている人いるんですか？

So u think he's cheating on me?!

じゃあ、あなたは、私の彼は浮気してると思うんだ？！

*cheat on（人）= 〜に対して浮気をする。

I just broke up w/ my BF ;-'(　　　彼氏と別れたところ。

Sorry to hear about the breakup. It's rough & it sucks. So are you seeing someone new?

別れたのは残念だね。つらいし、最悪だよね。で、新しく誰かと付き合ってるの？

Today the guy I have a crush on said to me, "What do you think I should get for my GF's B-day." X-(

今日、私がいいなと思ってる男の子が「彼女の誕生日に何買ったらいいと思う」って。

*have a crush on ... = 〜に思いを寄せる、惚れる

You know it's love when NHK and ramen is just as nice as going to dinner and a movie.

NHKとラーメンでも、外食して映画に行くのと同じくらいいいって、恋だよね。

When I was talking w/ my GF over the phone, I could hear her BF humming. Wish I had a BF, too…

電話で女友達と話していたら、彼女の彼氏が鼻歌歌ってるのが聞こえてきた。私も彼氏ほしいな…。

*GF = girlfriendは、女性が女友達を指す場合にも使われる。

I have a friend who is gorgeous, but she can't find a BF for some reason.

すっごくきれいな友だちがいるんだけど、なぜか彼氏ができないんだよね。

I can set u up with a cute girl ;-)

かわいい子を紹介してあげようか。

My friend just got a new BF. A great catch!

友達が新しい彼氏をゲット。見っけもの！

My friend's new man is annoying. She should dump him.

友達の新しい彼氏、ウザい。あんな奴、捨てるべき。

On a date w/ my GF over Skype.

スカイプで彼女とデートなう。

My GF made me lunch to bring to work today. Yummy.

今日、彼女が職場に持ってくる弁当を作ってくれた。うまそう。

What should I buy for White Day?

ホワイトデーには何を買うべきか？

Any idea where to take my GF out for Christmas eve?

クリスマスイブに彼女をどこに連れて行ったらいいか、アイデアない？

Oh oh, I must have said something wrong again. My GF stopped talking to me.

あーあ、また何か変なこと言っちゃったみたい。彼女が口きいてくれない。

Chapter 2　自分からTweetしてみよう

I had a fight w/ my GF tonight.　Actually I po'ed her. Hate myself for doing this.

今夜、彼女とケンカ。というか怒らせてしまった。そういう自分が嫌い。

＊po = piss ＋（人）＋ off　怒らせる。e.g. po'ed her = pissed her off

My GF hit me again. I want a sweet, kind, nurturing woman.

また彼女に殴られた。やさしくて、親切で、面倒見のいい彼女がほしい。

She's out of town this week. I'm freeeeeeeeeeeeeee. Yes!

彼女は、今週いない。俺は自由だーーーーー。やった！

I want a girlfriend.　　　彼女ほしい。

I haven't had a GF for almost 4yrs. Would anyone go out with me?

4年近く彼女がいない。誰か付き合ってくれない？

＊go out with ＋（人）= 〜と付き合う

ISO: a girl with black hair, about 150 cm

求む、150センチくらいで黒髪の女子。

＊ISO = in search of　求む

I have a question. Do you have a boyfriend?

質問があるんだけど。彼氏いる？

I saw a very cute girl on the train today. Wanna see her again tomorrow :)

今日、電車ですっごくかわいい子を見かけた。明日も会いたいな。

Met this girl at a party. Took the plunge and tweeted her, but she never tweets me back…

パーティー(飲み会、合コン)で会った子なんだけど。思い切ってツイート送ったのに返事なし…。

I saw my friend's new GF today. She was sooooooo cute. How could a geek like him get such a cutie?!

今日、友人の新しい彼女に会った。すっげーーーかわいい。なんであいつみたいなオタクがあんなかわいい子と付き合えんだよ!?

Dude, such a pity and I'm sorry that you lost that giiiiirl and I'm sorry that you lost thaaaaaaaaat giiiiiiiiiiiiiiiiiiiiiiiiiiiiiiiirl

オマエ、かわいそうな奴だな。あ〜の娘に振られたって。あ〜〜〜〜〜の娘にふられったってかわいそうだな。

I'm sorry Twiggville, but I have to say it one more time, I'm so FREAKIN HAPPY IM SINGLE.

ツイッター村の皆、悪いが、もう一度言わせてくれ。独身でガチうれしいと!

● Twitter

This is my very first tweet.

これが、私のまさに最初のツイート。

Just started tweeting.　　　ツイッターを始めたところ。

Wow, this is cool/fun.　　　うわ、これは面白い。

Tweeting from my cell/mobile.

携帯からつぶやくなう。

I have nothing to say, but tweeting anyway.

言いたいことは何もないけど、とりあえずつぶやくなう。

Wondering how many Twitter users are in Japan.
日本には何人くらいのツイッター利用者がいるのだろうか。

Looking for someone to follow.
フォローする人を探してるなう。

Wow, 500 people are following me now.
おっ、500人の人にフォローされてる。

Didn't realize I was following 100 ppl.
100人をフォローしてたとは気づかなかった。

I'm following everyone I come across. Hope they don't think I'm stalking!
出会った人はすべてフォロー。ストーカーだと思われてなければいいが！

Someone who is following me just told me not to follow his friends. WTH?! I can follow anyone I want to!
僕をフォローしている人に、今、彼の友人はフォローするなと言われた。ふざけんな！ 誰をフォローしようが僕の自由だ！

Never understand those who unfollow me as soon as I stop following them because they haven't tweeted for months!
何ヵ月もつぶやいてないので、フォローをやめた途端、私のフォローやめる人って理解できない！

I'm tempted to unfollow @getglobal. She's a tweetaholic. I'm getting about 4 million updates a day from her. hahaha.
@getglobalをフォローするのやめようかと。あの人、ツイート中毒で、一日に400万くらいのツイートを送ってくる。www

Wow, I was just RTed for the first time! Thanks!!
ワーイ、初めてリツイートされた！ ありがと！

Not quite sure how to use hashtags.

ハッシュタグの使い方がイマイチわからん。

Welcome to TWITTER!! If u need any help with it, let me know. So glad to see u on Twitter.

ツイッターにようこそ！　質問とかあったら知らせて。ツイッターで会えるようになってすごくうれしい。

I stayed up till 3am to tweet you, but I get nothing. Not even a DM. I am disappointed and sad. :(

あなたとツイートしようと思って夜3時まで起きてたのに、何も届かなかった。ダイレクトメッセージでさえ。がっかりだし、悲しい。

I meant to tweet you earlier but I was putting kids to bed.

もっと早くツイートするつもりだったんだけど、子供らを寝かしつけてて。

I didn't tweet at all today.

今日、まったくつぶやかなかった。

I still don't get why ppl are addicted to Twitter. Tweeting 3 weeks, 4 days, 8 hours, 6 minutes, 23 seconds. How about you?

なんで皆、ツイッターにはまるのか、まだわからない。ツイッター始めて3週間と4日、8時間6分23秒になるけど。アナタはどう？

I'm checking out Tweetvite, the best place for finding and organizing Tweetups! http://tweetvite.com

Tweetviteを品定め中。ツイートアップを探したり、企画したりするのに最高！

This is a test to verify the link between Twitter and Facebook.

ツイッターとフェースブックのリンクをテスト中。

Chapter 2 自分からTweetしてみよう

Echo, an iPhone application that allows you to post to Mixi and Twitter at the same time, is pretty cool.
ミクシィとツイッターへ同時に投稿できるiPhoneのアプリ、エコーってかなり使える。

You can finally tweet from iPhone w/ kikeru!
キケルで、ついにiPhoneからツイートできるようになった！

Is there a Japanese service like Twitter?
ツイッターみたいな日本のサービスってあるの？

Whoa whoooaa!! @TheAllenShow is following meeeh! I can't believe it! Ok as promised, I'll start my quest to help Allen today...
ワーイ、ワーーーイ、わたし、@TheAllenShowにフォローされてる！信じられない！わかった、約束通り、アレンを助けるための探索、今日スタート。

● その他ソーシャルメディア

mixi in Japan is like Facebook in the US.
日本のミクシィはアメリカのフェイスブックみたいな感じ。

I have more friends on mixi than Twitter.
ツイッターよりミクシィの方が友だち多い。

I update my mixi Diary every night.
ミクシィ日記を毎晩更新する。

I haven't logged into mixi for months.
ミクシィに何ヵ月もログインしてないな。

How are they different — mixi, Facebook and MySpace???
ミクシィとフェースブックとマイスペースってどう違うの？？？

Just tried the service to update mixi Voice w/ Tweet.

ツイートでミクシィボイスも更新できるサービスを試してみた。

I like mixi, but now I do see why ppl get hooked on Twitter.

ミクシィ好きだけど、なんで皆がツイッターにはまるのか、今はわかるなぁ。

I quit / left mixi when I started tweeting.

ツイッター始めてミクシィやめた。

I'm a mixi addict.　　　私はミクシィ中毒。

My sister said she'd finally join Facebook. It's about time!

姉が、やっとフェイスブック始めるって。遅いよ！

＊It's about time (to …). = 〜すべき時期、〜するのに適した時期。やっと〜した。

Every American I've talked to asked me if I use Facebook.

アメリカ人には必ずフェイスブックをやってるか聞かれる。

Uh well I guess I'm off the computer for the night. Mom walked in and Facebook wouldnt close so I turned computer off.

あーあ、今夜はコンピューターはこれまで。ママが入ってきて、フェイスブックが閉じないから、コンピューター消した。

The guy next to me doesn't know what Flickr is. He lives in the stone age!

隣の席の奴、フリッカー知らないんだと。石器時代の人間！

I think #HootSuite is the coolest Twitter app in the history of the Internet.

フートスイートって、ネット史上で一番よくできたツイッターアプリ。

#HootSuite, you complete me.
フートスイート、オマエなしでは生きていけない。

*You complete me = 通常、恋人などに対し「アナタがいればもう何もいらない」「アナタなしでは生きていけない」という意味で使われる。

Hootsuite much superior to Seesmic.
フートスイートの方がシーズミックよりずっといいや。

I'm in love with Hootsuite. I have my feed, mentions, and multiple searches up at the same time.
フートスイートにぞっこん。フィードに、メンションに、複数検索が同時に可能。

WTH is #hootsuite?
フートスイートって、一体なんだよ?

● コンピューター・テクノロジー

Just changed the desktop background. Got to change this thing now and then.
デスクトップの背景を変えたところ。ときどき変えないとね。

Just got a Windows PC from my cousin. Monitor is huge but can show only 1024X768 dots.
いとこからウィンドウズPCをもらったところ。モニターはバカでかいけど、1024×768ドットしか解像度ないんだよな。

My Mac died while surfing at Starbucks. Got to update to OSX10.6.2 after getting home.
スタバでネットしてたらマックが死んだ。家に帰ってからOSX10.6.2に更新しないと。

How sad :'-(CrunchPad ended before it even started…
なんと悲しい。クランチパッドは始まる前に終わってしまった…。

Blackberry Users Hit by 2nd Outage.
ブラックベリーユーザー、またも不通に見舞われる。

Finally updated iTunes. Now updating iPhone.
iTunesをやっと更新。iPhone更新なう。

Just installed Snow Leopard. Now restructuring Spotlight index.
スノーレオパードをインストールしたとこ。スポットライトのインデックスを再構築なう。

Installed Glims for Safari. Browsing's got much better.
サファリ用グリムスをインストール。ブラウジングが格段によくなった。

Are Sharp smart phones hard to back up?
シャープのスマートフォンってバックアップむずかしい?

Testing TweetyBot via Google Wave :)
グーグルウェーブからツイーティボットを試験なう。

I'm trying out Google Wave's Tweety bot. So far I'm pretty impressed with Wave. Just need ppl to talk to on here.
グーグルウェーブのツイーティボットを試してるところ。今のところウェーブには感心。ここで話ができる人がいればいいだけだな。

Swype — The Next Evolution of Handheld Text Input
スワイプ — ハンドヘルドテキスト入力の次の進化。

Swype is the most amazing input option available for cell phones. I never dreamed typing on a phone could be so easy and accurate.
スワイプは携帯向けインプットオプションの中で一番すごい。電話でこんなに正確にタイプできるなんて夢にも思わなかった。

Swype is so cool and fast. It is crazy. I love the Droid!!!

スワイプって、かっこいいし速いし、すげえ。ドロイド大好き！

Just got the Swype app for the Droid. It's pretty awesome I can text faster with it.

ドロイド向けスワイプのアプリゲットしたとこ。すごい。早くメッセージが送れる。

＊text = text messaging　SMSを送る

Testing Swype now... amazing keyboard... no issue so far... will keep on testing on Touch-IT Leo.

スワイプをテスト中。このキーボードすごい。今のところまったく問題なし。タッチITレオでテスト続行。

Really. Is it easier than typing? faster?

マジで、タイプするより簡単？　速い？

Where can I get Swype for the Droid?

ドロイド用スワイプはどこで手に入る？

Playing with the Droid... impressed so far!!!

ドロイドをいじくってるなう。今のところ感激！

Could the Droid be the iPhone killer?

ドロイドってiPhoneキラー？

New Motorola Droid > iPhone. HANDS DOWN.

モトローラの新製品ドロイド ＞ iPhone。断然。

＊hands down = 疑う余地なく、文句なく。

● 政治

PM Hatoyama just started tweeting, only in Japanese, though.
鳩山首相がツイッターを始めた。日本語だけだけどね。

＊PM = Prime Minister

This is the biggest political change in Japan in many decades.
これは、何十年もの間の日本で最大の政治変革。

Prime Minister *Hatoyama* started *twitter* and blog. Does this help improve the IT literacy of the Cabinet?
鳩山首相がツイッターとブログを開始。これで内閣のITリテラシーが上がる？

***Hatoyama*-san is tweeting @hatoyamayukio I support most of his policies but Kodomo-Teate. — a waste of tax money to feed those stay-at-home moms.**
鳩山さんが@hatoyamayukioでつぶやいている。政策のほとんどには賛成。でも子供手当ては…主婦を食べさせるだけの税金の無駄遣い。

Japanese politics getting more interesting.
日本政治が面白くなる。

The new leading party is disappointing many Japanese.
新しい与党に多くの日本人ががっかりしている。

Too early to make a judgment on the DPJ.
民主党に判断を下すのは早すぎる。

How long will the new PM last?
新しい首相はどれだけ持つのだろうか？

Japanese politicians might have the highest turnover rate.
政治家の入れ替わり率が一番高いのは日本かも。

The LDP, the former ruling party, is falling apart.
前与党の自民党は空中分解。

I want to see our PM showing leadership.
わが国の首相がリーダーシップを発揮するのを見たい。

Who votes for these idiots!
こんなバカな奴らに誰が投票するんだよ！

Japan is governed by the bureaucrats.
日本は官僚に牛耳られている。

You can read about Japanese politics in English in Japan Echo.
「ジャパンエコー」で日本の政治を英語で読めますよ。

Do you think Arnold will veto the Health Care bill?
アーノルド（シュワちゃん）が医療改革案に拒否権発動すると思う？

● 経済

Japan's bubble busted 20 yrs ago.
日本のバブルは20年前に崩壊した。

Japan's lost decade has turned into lost decades.
日本の失われた10年は、失われた20年に突入。

Japan has experienced deflation for almost 20 yrs.
日本は20年近くデフレ。

Debt is bad in a period of in deflation.
デフレの間は借金はダメ。

Japan's economy was finally improving when the US financial crisis hit the world.
日本の経済がやっと向上しかけていた矢先に、アメリカ金融危機が世界を襲った。

The unemployment rate in Japan is 4.9% and is not expected to improve for the unforeseeable future.
日本の失業率は4.9%で、近い将来、改善する見込みはなし。

I think nominal wages will increase faster than the unemployment rate because companies will increase production before starting to hire again.
企業は雇用を増やす前に、まず生産拡大を行うので、名目賃金は失業率より早く上がるはず。

Looking at the financial crisis spawned in the US, I find investing in an industry that doesn't add any value in vain.
アメリカ発祥の金融危機を見ていると、付加価値を生むことのない産業に投資することがむなしく思える。

Japanese manufacturers have been shifting manufacturing overseas for almost 20 yrs. The recession will accelerate that trend.
もう20年近く、日本のメーカーや生産拠点を海外に移してきたが、この不況でその傾向が増している。

METI is launching an online committee in which citizens can participate via Twitter.

経済産業省が、市民がツイッターで参加できるオンライン審議会を開始する。

＊METI = Ministry of Economy, Trade and Industry 経済産業省

Why do economists use such difficult words?

エコノミストというのは、どうしてああ難しい言葉を使うのだろうか？

I need to study the economy more.

もっと経済を勉強せねば。

● マネー・投資

5 more days til I get paid. How am I going to survive on 500 yen?!

給料日まであと5日。500円でどうやって生き延びられるか？！

＊til = til, until まで

Need to move, but can't afford to...

引っ越さないといけないが、資金がない…。

I should save more, I know.

もっと貯金するべきだってのは、わかってる。

I have no savings. Scary...

貯金なし。コワイ…。

I REALLY DO HATE BEING POOR!!! >_<

ホントお金がないのはイヤだ！！！

Money can't buy happiness, but it sure makes misery easier to live with.

お金では幸せは買えないが、間違いなく悲惨な状態を楽にはしてくれる。

I've saved my first 1 million yen! Woo hoo!!
初めて100万円貯めたぞ！　やったー！！

I've decided to buy a condo this year.
今年はマンション買うことにした。
＊condo = condominium 分譲マンション。英語のmansionは大邸宅の意味。

Just bought some lottery tickets.　　　宝くじ買ったとこ。

Invest only money you can afford to lose.
失ってもいいお金だけを投資しろ。

I'm interested in investing in the stock market, but don't know where to start.
株投資には興味があるのだが、どこから手をつけていいかわからない。

You should invest in yourself while you're young.
若いうちは自分に投資すべき。

The stock market plunged today.
今日、株式市場が暴落。

Nikkei jumps higher today.　　　今日、日経が上昇。

GSA stock just went up!　　　GSA株が上がった！

CBA stock falls by 3.7%　　　CBA株が3.7％下落。

I wonder what Microsoft's stock price will look like tomorrow morning.
マイクロソフトの株は、明日の朝、どうなっているだろう。

Hmm, apparently when everybody said to buy XYZ 3 months ago, I should have…
ううむ、３ヵ月前、皆がXYZ株買を買えと言った時に買っておくべきだったようだ…。

It is a wonderful time to be in the stock market.
株投資するにはすばらしいタイミング。

I'm thinking of buying some index funds.
インデックスファンドを買おうと思っている。

Finding good stock advicee is like searching for buried treasure.
いい株投資のアドバイスを見つけるのは、埋もれた宝を探すようなものだ。

Oil rolls back to $63/barrel after hitting 12 Month high on US stock.
原油は、米株式市場を受け、12ヵ月最高値に達した後、バレルあたり63ドルに戻る。

*on ... = 〜に対して、関して

One institutional trader remains bullish on the insurance company.
機関トレーダー1社がいまだ保険会社に強気。

Anyone looking to jump into the stock market, you need to jump on LSE for the first quarter of this year!
株式市場に飛び込もうとしている人は皆、今年の第一四半期にLSEを買うべき！

So much fun. Is there any better business than this? Just love the stock market. $$
すっげえおもしろい。これよりいいビジネスってあるか？　株大好き。

2009 was the worst year for US stock dividends.
2009年は米株配当が最悪の年だった。

Dubai CDS jumps to 627bp. The Dubai World saga continues. Looking forward to Monday.

ドバイのCDSが627bp急上昇。ドバイワールド記は続く。月曜たのしみ。

People like to buy government bonds in Japan.

日本人は国債を買うのが好き。

Dollar tanked today.　　　今日、ドルが暴落。

US Dollar is rapidly sinking against other currencies.

米ドルが他の通貨に対し急速に下落している。

USD has a long way to fall.　　　米ドルはまだまだ落ちる。

Dollar rose against major currencies.

ドルが他の主要通貨に対して上がった。

Yen fell against Dollar.　　　対ドル円安。

Weaker YEN is good news for Japanese exporters.

円安は日本の輸出企業にとって朗報。

This means a free fall for Euro.

ということは、ユーロはフリーフォール。

I started shorting Euro.　　　ユーロのショート開始。

Dollar collapse is inevitable. Dollar could go up, but short term only.

誰がどうみてもドル安でしょ。そりゃ短期的にはドル高もあるだろうけど。

I've been a seller on recent rallies.

最近の（相場）反発では売り。

I'm looking to be a buyer short term. At least to 1.4600. Then I will turn to a major seller.

(俺は) 短期では買い。少なくとも1.4600までは。その後は大きく売り。

Anyone have some fundamental or technical insight?

ファンダメンタルでもテクニカルでもいいんだけど、読み（洞察）のある人いる？

I lost tons of money when dollar went up.

ドル高で大損。

I know people who lost millions of dollars in the Forex market.

FXで、億単位で損した人たち知ってる。

Just getting into currency trading.

FXをやりだしたところ。

I've been studying currency trading, but I'm too chicken to take the plunge.

FXは勉強してるんだけど、実際に踏み込めない小心者。

＊chicken = 臆病な。名詞として使う場合はI'm such a chicken.

● ジョーク

Gotta get up early for work tomorrow, so I'm planning to go to bed early tonight. Which means 11:15 instead of 11:30.

明日、仕事行くのに早く起きないと。それで今晩は早く就寝予定。11時半の代わりに11時15分に。

Nice question... I've lived here ever since I was born. Where's home? When I find it, I'll let you know... ;)!

いい質問。生まれてからずっとここに住んでる。家はどこかって？見つけたら教えるよ！

Where am I from? I'm still looking for my identity!

どこ出身かって？　まだ自分のアイデンティティを探しているところ！

4 out of 5 dentists recommend #HootSuite for your Twittering needs.

歯医者5人のうち4人が、ツイッターにはフートスイートを推薦。

記事やサイトを紹介する

● 記事を紹介

An absolute must read http://twitjpl.y
絶対に必読

I'm too busy to read, but this is worth reading. http://twitjpl.y
忙しくて読んでる暇ないんだけど、これは読む価値あり。

Breaking news from me... http://twitjpl.y
私からの速報。

This is what I was talking about. http://twitjpl.y
私の言っていたのはこのこと。

Sounds interesting, huh? http://twitjpl.y
面白そうだと思わない?

Maybe we should consider doing that. http://twitjpl.y
私たちもこれやる?

http://twitjpl.y People in the industry all know that.
業界の人間は皆知ってる。

Are you a Twitter addict? http://bit.ly/6abKVr
あなたはツイッター中毒?

How addicted to Twitter are you? http://theoatmeal.com/quiz/twitter_addict
あなたのツイッター中毒度はどれくらい?

Reading this http://twitjpl.y　　これ読んでる。

Read more: http://twitjpl.y　　もっと読みたい人は：

This is funny. http://twitjpl.y Money does complicate your life!
これ、おかしい。　確かにお金のせいで人生がややこしくなる！

How to get over hangover. http://twitjpl.y
二日酔いの克服法。

An old article, but interesting. It's all in ur head! (or genes) http://twitjpl.y 5 Keys to Happiness
古い記事だけど面白い。すべては物の見方次第（または遺伝子）―幸せへの5つの鍵

U should forward this to your former co-workers. http://twitjpl.y
昔の同僚にこれを転送すべき。

I'm just so glad I'm not flying anytime soon! http://twitjpl.y
近いうちに飛行機に乗る予定がなくてホントよかった。

We'll stay way from corn? http://twitjpl.y
とうもろこしは食べないようにする？

BRUTAL!! Some ppl are living w/o heat in Chicago! http://ow.ly/
えぐい！　シカゴで暖房なしで暮らしている人たちがいる！

What a waste of tax money! http://twitjpl.y
なんという税金の無駄遣い！

Right, like the stock mkt recovery was real! http://twitjpl.y
そう、株式市場の回復がさも本当だったようにね！

This is what happens when the currency tanks or hyperinflation kicks in. http://twitjpl.y
通貨が暴落したり、ハイパーインフレになると、こうなるわけ。

Millionaire Next Door http://twitjpl.y　$180 stock purchase in 1935→$7 million
となりの億万長者　　1935年に買った180ドルの株が700万ドルに。

An interesting series of posts on the financial crisis http://twitjpl.y
金融危機に関する一連の興味深い投稿。

Not good news at all.　　　全然いいニュースじゃない。

I know you STRONGLY advise against it. http://twitjpl.y For Office Romance, the Secret's Out
あなたがこれに強く反対するのはわかってる。「社内恋愛に秘密なし」

This will make your blood boil. http://twitjpl.y
これ読んだら、きっと怒りまくると思う。

I'm going to vigorously object, too! http://twitjpl.y
私も激しく反対するぞ！

● 他の人の面白い発言を紹介

Meet @Tweetineng　　　　@TweetinEngをご紹介。

This guy is crazy. http://twitjpl.y　　　コイツ、頭おかしい。

She's nuts! http://twitjpl.y　　　この人、頭へん！

● **自分のブログやサイト（HP）を紹介**

This is my new blog. 　　新しいブログです。

Here's my blog. 　　私のブログ。

Pls visit my (web)site. 　　私のサイト訪問してね。

Updated my videogame blog. Wrote a short review for Dragon Quest IV. Enjoy! :)
ゲームブログを更新。ドラゴンクエスト9の短い批評を書いた。楽しんでくれ！

Look my drawing. http://twitpic.com/
私の絵、見て。

Recently snapped picture http://sml.vg/
最近、撮った写真。

● **サイト、写真、ビデオなどを紹介**

Photos from http://twitjpl.y 　　〜からの写真。

Photos from http://twitjpl.y 　　〜から写真。

Amazing Pic! http://twitjpl.y 　　すごい写真！

Look at this! http://twitjpl.y 　　これ見て！

Loving this!!! http://twitjpl.y 　　これ、すっごくいい！

Hey, check out U2 live right now! http://www.ustream
ねえ、今すぐU2のライブ見てみてよ！

Watch this shocking, moving video→RT @tweetineng http://twitjpl.y

このショッキングで感動するビデオを見て。

This vid gets an A+ http://twitjpl.y

このビデオは優＋（上出来だな、すごくいい出来）

＊アメリカでの学校の成績や採点はおもに、A（優）、A−、B+、B（良）、B−、C（可）。

Hey Japanese film fans — follow @japantimes for the latest movie reviews, news, and more.

ヘイ、日本映画ファンのみんな、最新の映画批評、ニュース、その他を得るには@japantimesをフォローするように。

有名人にTweet!

Hello from a fan in Japan! 　　　日本のファンからハロー！

Your new movie has been a sensation in Japan!
あなたの新作は、日本でセンセーションを巻き起こしています！

What's the title of your new movie/album? It's not here yet.
新しい映画（アルバム）のタイトルは？　日本にはまだ来ていないんです。

When will the Japanese version of your new album be released?
新作のアルバムの日本版は、いつリリースされるんですか？

I am so excited you are releasing a new DVD.
新しいDVDのリリース、超楽しみです。

How is the album coming along?
アルバム作りはどう？

Saw 1st 3 episodes yesterday and loved it. Can't wait for the new ones. I'm So Excited!
昨日、初めの3回を見たけど、すごくよかった。新しいのも楽しみ。ワクワクする！

Your performance at Budokan was awesome!
武道館での公演はすばらしかったです！

I just bought your Budokan DVD. My treasure!
武道館でのDVDを買いました。私の宝物！

Good luck with your gig! :)
公演がうまく行きますように!
*gig = 公演(などの契約)、出演(契約)

We can't wait to see you here in Tokyo!
(コンサートなどで)東京で会えるのが待ち遠しい!

When are you coming back to Japan?
次の来日(公演)はいつ?

When you come back, I'll definitely be there.
戻ってきたときは、必ず(コンサートなどに)行きます。

Since you aren't coming to Hiroshima, I'll see you in Osaka!
広島には来てくれないので、大阪まで会いに(見に)行きます!

I listen to your songs on my way to work every day.
毎日、通勤途中にあなたの歌を聴いています。

My 4-yr-old daughter dances to your music.
あなたの音楽に合わせて4歳の娘が踊ります。

I loved your new movie. You were simply gorgeous/awesome.
あなたの新作すごくよかったです。とにかくすてきでした(すごかった)。

Congrats on making top five! :D well deserved for sure :]
トップ5入りおめでと! 当然だよね。

Congrats on your US debut.
アメリカデビューおめでと。

Congrats on the mention in Best Magazine.
ベストマガジンへの掲載おめでと。

Congrats on appearance on the World News.
ワールドニュースへの出演おめでと。

Congratulations to the Best Boys for a successful 1st major concert!
ベストボーイズの初の大コンサート成功おめでとう！

Congrats on your Grammy!
グラミー賞受賞おめでと！

Your performance definitely deserves an Academy Award.
あの演技は絶対アカデミー賞受賞に値する。

I have no doubt you will win a Tony Award!
トニー賞受賞間違いなし！

I'm sorry you didn't win the Academy.
アカデミー賞を受賞されなくて残念です。

I really don't understand why you didn't get a Grammy. You are the best!
なぜグラミー賞を受賞しなかったのか理解できない。あなたが一番なのに！

Hello Ron, I wanted to say I enjoy reading yourblog.

ハロー、ロン。あなたのブログを楽しんで読んでます、と伝えたかった。

Looking forward to reading your reviews.

あなたの批評を読むのを楽しみにしてる。

Hi Jackie! Just got a job promotion today. It would be icing on the cake if I get a reply :) thank u.

ハーイ、ジャッキー。今日、昇進した。返事もらえると、さらにいいんだけど。ありがとう。

*icing on the cake = ケーキにのせるフロスティングクリーム。「ケーキにクリームがのるとさらにいい」という意味からきている。

Today is my 26th bday :) Any chance I can get you to respond out of the gajillion tweets that you get a day?

今日は私の26回目の誕生日。一日に何兆も受け取るツイートの中から、私に返事をくれるという可能性はないかな？

*gajillion = trillionよりもずっと大きな数を表す俗語。他にbajillion, kazillion, zillionなど。

With 5 minutes left to my 28th birthday, is there any chance I can get you to reply? Please :)

私の28回目の誕生日まであと5分。返事もらうことはできないかな？お願い。

Chapter 3
折々のあいさつをTweetする

お祝いとお悔やみの言葉

● 誕生日のお祝い

Happy Birthday! 誕生日おめでとう!

Happy Birthday @TweetinEng. You deserve the best.
@TweetinEng、誕生日おめでとう。アナタは最高!
＊deserve the best ＝ 最高のものに値する、最高のものを得る資格がある

Have a good(great) one! よいお誕生日を!

Hope you'll have a great/wonderful birthday!
すばらしい誕生日を!

Best wishes on your birthday.
お誕生日にご多幸を。

Today is my birthday :) 今日は私の誕生日。

How was your birthday? 誕生日はどうだった?

Hope you had a good birthday.
いい誕生日だったらいいけど。

My friends celebrated my birthday yesterday.
昨日は友人らが誕生日を祝ってくれた。

So many tweeters wished me a happy birthday!
すごくたくさんのツイーターが誕生日を祝ってくれた!

Got so many tweets wishing me a happy birthday :)
誕生日を祝ってくれるツイートをたくさん受け取った。

● 婚約のお祝い

I heard you are engaged. Congrats.
婚約したと聞きました。おめでと。

＊congrats = Congratulationsの省略形。日常的に使われる。

What a perfect couple. :)　　パーフェクトなカップル。

@getglobal @tweetineng Congrats to the both of you.
@getglobal @tweetinengのご両人おめでとう。

Congrats! to @getglobal & @tweetineng on their engagement! Many wishes for a long and lovely life together. :D Such a cute pair!
@getglobal @tweetinengに婚約おめでと！　共に末永く愛に満ちた人生を。すごく素敵なカップル！

Congrats!!!! @tweetineng on getting engaged!!!
@tweetineng　婚約おめでと！

Aww @getglobal and @tweetineng just got engaged! Big congrats!
わ〜、@getglobal と @tweetinengが婚約したって！　チョーおめでと！

Congrats to the newly engaged @getglobal and @tweetineng.
婚約したての@getglobal と @tweetinengにおめでと。

Congrats on getting married.
結婚するんだね、おめでと。

@getglobal you're gettin married? Congrats!
@getglobal、結婚するって？　おめでと！

Oh, she said yes? Congrats! And when is the wedding set to be?
え、彼女「ハイ」って？　おめでと！　で、結婚式はいつの予定？

Congrats on your engagement. Is this the same fellow we spoke about back in Dec?
婚約おめでとう。12月に話していたのと同じ彼？

May you spend the rest of your lives inspiring each other.
残りの人生をお互いに喚起しあって過ごされますよう。

Please don't seat me next to @getglobal at the reception.
披露宴で@getglobalの横に僕を座らせないでね。

I can do your wedding photography ;-)
結婚式の写真担当しようか。

● 結婚のお祝い

Congrats you two!　　　　お二人におめでと！

Best wishes on your marriage!　　　ご結婚に祝福を！

Congrats on the wedding.　　　結婚式おめでと！

Happily married! Congrats!!　　　お幸せに！　おめでと！

Congratulations on taking the plunge!
思い切ったことをしたね、おめでとう！

Congrats, he is a lucky man ;-)
おめでと、ラッキーな奴だね。

Congratulations!! So who's the lucky guy?
おめでとう！ それで、そのラッキーな奴って誰？

Wish you both all the happiness in the world.
二人に世界中の幸せを祈ります。

Wish you the very best in your years together.
末長い幸せをお祈りします。

Hope your life together will be full of joy and happiness.
二人の人生が、喜びと幸せに満ちたものでありますように。

Wishing you the happiest of times.
最高の幸せをお祈りします。

Wedding congrats, bro. Wish only the best for u and ur wife.
おい、結婚式おめでと。オマエと奥さんが幸せになるといいな。

My sister is getting married tonight. Cheers to the newlyweds!
今晩、妹が結婚。新婚さんにバンザイ！

My friends got married in Hawaii today! I can't wait until I get home cuz I can watch it online! Congrats Krista and Justin!
今日、友人がハワイで結婚した！ 家に帰ってオンラインで観るのが楽しみ！ クリスタとジャスティン、おめでと！

Miguel sounds like a nice guy. Do u have a wedding picture u can send :-)
ミゲルっていい人のようだね。結婚式の写真送ってくれない？

● 妊娠のお祝い

Congrats on your pregnancy.　　　　妊娠おめでと。
＊Congrats on the pregnancy.とすれば、対男性へのお祝いの言葉にもなる。

Congrats on the expected little one.
小さな命におめでと。

Here's to Happy Healthy Pregnancy!
幸せで健康な妊娠に乾杯！

U gonna be a mommy?!! Wow!!
ママになるって？！！　ワォ！！

U r gonna make a great mommy.
いいママになると思う。

You two will be great parents.
お二人はいい両親になるだろうね。

How far along are you?　　　妊娠何ヵ月？

When are you expecting?　　　出産予定はいつ？

Best of luck with the pregnancy.
安産をお祈りしています。

We wish her a safe, healthy pregnancy and baby!! :)
健やかな安産と赤ちゃんをお祈りします！

I know u cant wait for the birth of ur baby. Once again congrats.
赤ちゃんの誕生が待ち遠しいよね。もう一度、おめでと。

● 出産のお祝い

Congrats on your new baby.　　　　赤ちゃん誕生おめでと。

Congrats on the new little guy!
男の子の赤ちゃんおめでと！

Congrats!! Welcome Baby Zoe!!!
おめでと！！　赤ちゃんゾー君、ようこそ！！！

I know u'll be the BEST mommy ever!
最高のママになること間違いなし！

You're going to make a fantastic dad.
すばらしいパパになるよ。

My warmest congratulations on the birth of your son!
息子さんのお誕生、おめでとうございます！

Congrats to our team member, Mayu, who just had a healthy baby boy!
健康な男の子の赤ちゃんを出産されたばかりのチームメンバーのマユ、おめでと！

We were thrilled to hear about your son's birth.
息子さん誕生の知らせを聞いて、皆、湧き立ってた。

I didn't know your wife was having a baby.
奥さまがおめでたとは知らなかったよ。

How do you like being a dad?
パパになってみてどう？

Nothing more exciting than a new baby.
赤ちゃん誕生ほど感動的なことなし。

One of the greatest joys of life.
人生の中で最大の喜びのひとつ。

Glad to know she & baby are doing well. So happy for you!
彼女も赤ちゃんも元気だって聞いてよかった。すごくうれしい！

It's the excitement of a new baby that's keeping ya going. Congrats.
オマエを前に進み続けさせてくれるのは新しい命の誕生の興奮だよ。おめでと。

Hope I can see your baby soon!
赤ちゃんに早く会いたい！

● **仕事関連のお祝い**

Congrats on the new job.
就職（転職）おめでと。

Congrats on getting that job!
就職（転職）おめでと！

Congrats on finding your dream job!
夢の仕事を見つけたんだね、おめでと！

Congrats on your new job offer.
新しい仕事のオファーおめでと。

Congrats on your new position at the company.
新しいポジションおめでと。

Congratulations on your promotion!
昇進おめでとう!

It's great that you got promoted.
昇進できてよかった。

Best wishes on the new career.
あたらしいキャリアの成功を祈ってる。

Congratulations on passing the CPA exam.
公認会計士試験合格おめでとう。

Congrats on your new contract.
新しい契約おめでと。

Continued success.
今後も引き続き成功を。

All the best for the future.
今後も成功を。幸せな将来を。

Here's to a great start and a long string of successes!
すばらしい門出と数々の成功を!

Congratulations on your retirement.
リタイア(退職・引退)おめでとうございます。

● Twitter関連のお祝い

Congrats on your 1st tweet.
初のツイートおめでと。

Congrats on your 1,000th Tweet. Hope to see more.
1,000件目のツイートおめでと。もっと見たいね。

Congrats on 30K tweets. You rock! Here's to 30k more!
ツイート3万件目おめでと。すごい！　あと3万件行きますよう！

Congrats on post 500!　　500件目の書き込みおめでと！

Congrats on passing 10,000 followers.
フォロワー1万人突破おめでと。

A big congrats to @getglobal for crossing over 1 million Twitter followers!
ツイッターフォロワー100万人突破、@getglobalに大きな拍手！

Congrats on your follow from Ellen :)
エレンからのフォローおめでと。

● 何にでも使えるお祝い

Great/awesome news :)　　すばらしい知らせ！

Way to go!　　やったね！　その調子！

Well done!　　上出来！

My heartiest congratulations to Maria.
マリアに心からおめでとう。

Late congratulations to my friend, Pam.
遅くなったけど、友だちのパムにおめでとう。

Congratulations on the big news today.
今日の大ニュースにおめでとう。

Best wishes and congratulations on ur BIG DAY! :)
君の大事な日に幸と祝福を！

How exciting!
感動的だね！　ワクワクするね！

How wonderful!
素晴らしい！

I'm excited for you!
私もワクワク！

So excited for you guys!
こっちもワクワク！

I am soooo happy for u.
私もすごぉぉぉくうれしい。

I couldn't be happier for you.
これ以上うれしいことはない。

This is the best news all day!
今日、最高の知らせ！

All the best.
ご多幸を。

Wishing you all the best (from Tokyo).
（東京から）ご多幸を祈ります。

Belated congratulations, Neil! I wish all the best for you.
ニール、遅くなったけどおめでとう！　幸せを祈ってる。

I have high hopes 4 u.
君に期待してるよ。

What an achievement/accomplishment!
すばらしい達成（功績）！

You should be proud of your accomplishments.
この達成を誇りに思うべき。

Your accomplishments are truly awesome.
君の功績は実に見事なもの。

● **お見舞い**

I'm sorry you're sick :(調子が悪いの、気の毒に。

I'm sorry to hear that. それは気の毒に。

I hope u get better soon. すぐによくなるといいね。

Take care. お大事に。

Feel better. 元気になってね。

I'm sorry. I hope you feel better soon.
お気の毒。すぐに治りますよう！

Feel better, Tom. Sorry 2 hear you are not feeling well.
トム、調子よくなってね。気分が悪いってお気の毒。

I hope you get well soon. Later.
すぐに元気になりますよう。じゃあね。

Oh that sucks. I'm sorry. My knee used to hurt all the time.
うわあ、それは最悪。かわいそうに。昔、僕のひざもしょっちゅう痛んでた。

Sorry about your accident. Glad to hear you are okay.
事故、災難だったね。大丈夫でよかった。

How are you feeling today? 今日気分はどう？

I'm glad to hear your surgery went well.
手術がうまくいってよかった。

Take good care of yourself. くれぐれもお大事に。

How's your father? お父さんはどう？

Hope he'll get better soon. すぐに治られますよう。

OMG JAKE. I am sooooooo sorry for your sister and yeah I will pray for her, too. Hope everything turns out all right.
ジェイク、なんてこと。妹さん、なんてかわいそうに。うん、私も妹さんのこと祈ってあげる。すべてうまく行くといいね。

I was sorry to hear that your mother has been hospitalized.
お母さんが入院されたって、お気の毒に。

Sean, I'm sorry about your brother. I'll keep you and your family in my prayers.
ショーン、弟さんのこと大変だね。あなたとご家族のために祈ってる。

Cheer up, baby! Yr grandma will be fine!
ねえ、元気出してよ！　おばあちゃん、大丈夫だって！

I'm sorry to hear about Mario :(
マリオのこと残念だったね。

● **お悔やみ**

I'm sorry for your loss. :(ご愁傷さまです。

Sorry for your loss. Will pray for his family. Hang in there.
ご愁傷さま。彼の家族のために祈ってる。がんばってね。

I'm here if u need me.
何かできることがあったら言って。

Dang, your uncle did pass away... I'm sorry...
ああ、叔父さん、亡くなっちゃったんだ…。残念です…。

Aww, I'm sorry about that. My best friend passed away in October. I know it's really rough.
はあああ、それはいたたまれないね。私の親友も10月に亡くなった。すごくすごく辛いよね。

I lost my dad a while ago & have some kind of idea of how you feel. I'm sorry you lost your father.
私もかなり前、パパを亡くしたんで、あなたの気持ちがちょっとはわかる。お父さんを亡くされてご愁傷さまです。

I'm so sorry to hear that your grandfather passed away last week.
先週お祖父さまが他界されたと聞いていたたまれない気持ちです。

My condolences to you. This life is a trip how it all works out, but hang in there. An RIP to your mom!
お悔やみ申し上げます。まったく人生ってのは何が起こるかわからないけど、がんばれよ。お母さん、どうぞ安らかに！

＊trip = 元々、「麻薬の幻覚症状」という意味だが、何が起こるかわからないような刺激的な経験。
RIP = rest in peace　安らかに眠れ。

Jose, you have my deepest sympathy.
ホセ、心よりお悔やみ申し上げます。

Please accept our deepest sympathy.
謹んでお悔やみ申し上げます。

I can't tell you how sorry I am to hear of your great loss.
この悲報になんと慰めてよいか言葉もないです。

Please accept what little comfort these words can give you.
こんなことを言っても大した慰めにもなりませんが。

She was a truly sweet, genuine lady. Can't say enough good things about her. Tragedy.
本当にやさしくて、誠実な人だった。彼女のこといくら褒めても褒めたりないくらい。悲劇。

Shocked to hear of the sudden death of a relative this morning. Live for today, people. Tell people you love you love them.
今朝、親戚の突然の死の知らせにショックを受けてる。みんな、今日を生きよう。愛する人に愛してるって言おう。

Wish we could've been there for him.
彼のそばにいてあげられたら。

I share your sorrow at this time.
あなたの悲しみを共にしています。

I know this is a difficult time for you, but please remember you are in my thoughts.
あなたにとってつらいときでしょうが、私があなたのことに思いをはせていることを忘れないでください。

My sincerest sympathy. He will be missed, I'm sure, but a little piece of him will live on in your heart.
謹んでお悔やみ申し上げます。皆、彼がいなくなってさびしがるに違いない。でも、彼の一部はあなたの心の中で生き続けるから。

Still shocked about the death of Michael Jackson... he was too young to go =/
マイケル・ジャクソンが死んだこと、まだショック…。若すぎる死。

I'm sorry about your dog :[What kind/breed was it?
犬のこと残念だったね。どういう種類（何犬）だったの？

I'm sorry for your loss of Muffin. I hope in time that happy memories replace the pain in your heart.
マフィンが死んじゃってかわいそうに。時と共に楽しい思い出があなたの心の痛みに代わりますよう。

季節のあいさつ

● **クリスマス**

Merry Christmas to everyone!!!
皆、メリークリスマス!!!

Wish you a merry Christmas. メリークリスマス。

Wishing you all the merriest Christmas.
最高のクリスマスを。

Wishing you and your family all a Very Merry Christmas!
あなたとご家族がとてもいいクリスマスを迎えられますよう!

Wishing you guys a warm and happy Christmas!
君らに、暖かくてハッピーなクリスマスを!

Wishing you peace and happiness at Christmas.
安らかで幸せなクリスマスを。

Will you be exchanging gifts? ギフト交換するの?

I hope Santa brought you something good!
サンタが何かいい物持って来てくれたでしょうね!

Merry Christmas and Happy New Year to all!
皆、クリスマスと新年おめでとう!

Roppongi Hills is beautiful with illuminations.
六本木ヒルズのイルミネーションがきれい。

Many parts of town are illuminated.
町のあちこちにイルミネーションが。

We celebrate Christmas in Japan, but not religiously, more like commercially.

日本でもクリスマスは祝う。宗教的にじゃなくて、商業的にだけど。

In Japan Christmas is not a national holiday, but it is celebrated mostly commercially.

日本ではクリスマスは国民の祝日ではないけど、主に商業的に祝われる。

Christmas Eve is considered romantic in Japan. I don't know why.

日本ではクリスマスイブはロマンチックということに。なぜか知らないけど。

KFC in Japan offers special Christmas menu.

日本のケンタッキーフライドチキンは、クリスマスの特別メニューを出す。

＊KFC＝アメリカでは通常こう呼ばれる。

● ハヌカ（12月のユダヤ系のお祝い）

Happy Hanukkah! 　　ハヌカおめでとう！

Sending warmest wishes to all who are celebrating Hanukkah around the world.

世界中でハヌカを祝っている人たち全員のご多幸を祈ってる！

● ホリデーシーズン

　クリスマスはキリスト教の祭典。相手の宗教がわからない場合は、下記のような表現を使う方が無難。アメリカにはユダヤ教の人も多いので要注意。

Happy holidays, tweeps!
よいホリデーを、ツイッター仲間！

Happy Holidays from your friends at GlobalLINK!!!!
グローバルリンクの仲間からハッピーホリデー！！！！

Happy Holidays, my friends!
友よ、よいホリデーを！

Happy Holidays from @getglobal & @tweetineng.
@getglobalと@tweetinengからハッピーホリデー。

Happy holidays to you, too.
あなたもよいホリデーを。

Happy holiday season to you and your family =)
The warmest of holiday greetings to you and your family.
あなたとご家族にすばらしいホリデーを。

Hope that you all have nice holidays =)
皆さん、すてきなホリデーを。

Best/Warm wishes for the holiday season!
よいホリデーシーズンを！

Holiday happiness and best wishes for the new year.
楽しいホリデーと新年を迎えられますよう。

Wishing you a beautiful/wonderful holiday season.
すてきなホリデーシーズンを。

I hope this holiday season brings you all of your wishes.
このホリデーシーズンにあなたの思いがかないますように。

I'd like to wish you the very best this holiday season.
最高のホリデーシーズンを迎えてください。

Best wishes for the holidays and the coming new year.
よいホリデーと新年を。

Best wishes for the happiest of holidays and a wonderful new year.
最高のホリデーシーズンとすばらしい一年を。

Season's Greetings and Warm Wishes.
季節のご挨拶とご多幸を祈って。

Season's greetings and best wishes for a happy new year.
季節のあいさつと幸せな新年を祈って。

Check the season's greetings pic at the bottom right. http://twitjpl.y
右下の季節の挨拶の写真見て。

Season's Greetings!! Check out the Christmas events and offers: http://twitjpl.y
季節のご挨拶！　クリスマスのイベントと売り出しをご覧ください。

● **新年**

Happy New Year!　　　新年おめでとう！
＊文頭にAはつけない。

Happy new year to you, too!
そちらも、新年おめでとう!

Best wishes for the New Year! 新年おめでとう!

Wish the best for you in this new year.
すばらしい新年を。

I hope you'll have a great year! すばらしい一年を。

Best wishes for a happy and prosperous New Year.
幸せで実り多い新年でありますよう。

Happy New Year, though it's the second week of January.
1月の2週目だけど、新年おめでとう。

Hey, everybody, I just wanted to wish everyone happy new year and I hope everyone enjoyed their holiday.
ねえ、皆、皆に新年お祝いを言いたくて。皆、いいホリデーを過ごしているといいな。

＊everyoneは単数なので、指示代名詞は本来heまたはsheだが、him/herの両方だとまどろこしく、どちらかひとつでは性差別的なので、上記theirのように複数が使われることが多い。

Hope your 'holiday season' was super!!
サイコーの「ホリデーシーズン」を過ごしたといいな!!

How was new year? 新年はどうだった?

How has the new year been treating u?
新年を迎えてどう?

New Year's Day is the most important holiday in Japan.
元旦は日本で一番大事な祝日.

The first three days of the new year are celebrated with special food at home.
新年の最初の3日は自宅で、特別な食事で祝う。

Families and relatives get together. It's like Thanksgiving in the U.S.
家族や親戚が集まる。アメリカの感謝祭みたいな感じ。

The companies are closed and people are off work from the end of the year until January 3 or the first Sunday of January, depending on the year.
年末から、年によって1月3日か1月の最初の日曜まで会社は休みで、皆、仕事は休み。

I love New Year's food!　　お正月の食べ物大好き！

The problem is you eat so much that you gain weight!
問題は、食べ過ぎて体重が増えること！

● バレンタイン・デー

　欧米ではバレンタインは、恋人同士とは限らず、友人同士、家族にもカードを送ったりする。

Happy Valentine's Day!　　バレンタインおめでとう！

Have a Happy Valentine's Day!
楽しいバレンタインデーを！

Chapter 3　折々のあいさつをTweetする

Is it Valentine's Day yet?　バレンタインデー、まだ？

Valentine's Day is coming up... Anyone want to be my Valentine??
バレンタインデーももうすぐ…。私のバレンタイン（の相手）になりたい人？

Who is spending Valentine's day with me??
私とバレンタインデーを過ごすのは誰？

I wanna be your valentine. Your pickup line.
君のバレンタイン（の相手）になりたいよ。引っ掛け（ナンパ）文句。
＊pick up = 引っ掛ける、ナンパする。

I hate that Valentine's Day is coming up. And I'm single. This was NOT the plan.
イヤだな。バレンタインデーが迫ってきた。だって私は独身。想定外。（こういうはずじゃなかったんだけど。）

Do you think Valentine's Day makes single people feel lonely?
バレンタインデーって、独身の人をさびしい気持ちにさせると思う？

In Japan, girls give chocolates to boys on Valentine's Day.
日本では、バレンタインデーに、女子が男子にチョコレートをあげる。

Before, women gave chocolates to men they liked, but now we have to give "obligatory chocolate" to every guy at work, even the boss!
かつては、好きな男性にだけ女性はチョコをあげてたんだけど、今では、勤務先の男全員に「義理チョコ」をあげないといけない。上司も含めて！

The boys have to return a gift to the girls on March 14, called White Day.
ホワイトデーと呼ばれる3月14日に男子が女子にギフトをお返しすることになっている。

Of course, these are inventions of candy companies!
もちろん、これらは製菓会社が考え出したものだけど！

It's just a marketing gimmick.
売るための手法に過ぎないんだけど。

● イースター（復活祭）

Happy Easter!　　　イースターおめでとう！

Wish you a Happy Eater!　　　イースターおめでとう！

Wishing u a very Happy Easter.
とてもよいイースターを！

Warmest Easter wishes for you.　　　よいイースターを。

Happy Easter to You, with all best wishes!
よいイースターを！

We don't celebrate Easter in Japan.
日本ではイースターは祝わない。

What do you do on Easter?
イースターには何をするの？

● ハロウィーン

Happy Halloween!　　　ハロウィーンおめでとう！

Happy Halloween, tweeps/all/everyone/guys!
ツイッター仲間（皆・君ら）、ハロウィーンおめでとう！

Wishing everyone a happy Halloween.
皆、ハロウィーンおめでとう。

Wishing you a Halloween filled with fun!
楽しいハロウィーンを！

Be safe and have a lot of fun!
気をつけて、いっぱい楽しんでね！

Have fun & enjoy ur nite all.
皆、今夜、楽しんでね。

Hope we have some fun 2nite.
今夜、楽しくなるといいけど。

I'm coming up to yours on Halloween for fun times.
ハロウィーンの日は、君のとこ行くから、楽しもう。

Did you go trick-or-treat last night?
昨夜は「お菓子をくれなきゃいたずらするぞ」しに行ったの？

What costume did you wear?
どんなコスチューム着たの？

Here's a picture of me in Sailor Moon. http://twitt.com
セーラームーンの格好をした私の写真。

Some people celebrate Halloween in Japan.
日本でハロウィーンを祝う人もいる。

Halloween is gaining popularity in Japan.
日本ではハロウィーンが人気を増している。

An increasing number of people celebrate Halloween every year in Japan.
日本では、毎年、ハロウィーンを祝う人が増えている。

It's becoming the third biggest day for companies after Valentaine's Day and Christmas.
バレンタインデー、クリスマスに次ぎ、製菓会社にとって第三の稼ぎ時になりつつある。

● サンクスギビング（感謝祭）

Happy Thanksgiving to all of you!
感謝祭おめでとう！

Have a happy turkey day!　　　たのしい七面鳥の日を！
＊感謝祭には七面鳥を食べるのが習慣のため。

Did your family get together for Thanksgiving?
感謝祭は、ご家族が集まったの？

What do you do on Thanksgiving?
感謝祭の日には何するの？

Happy thanksgiving to you！We don't celebrate that day out here…
感謝祭おめでとう！　この祝日、こっちでは祝わないけど…。

巻末略語集

2 .... to, too　e.g. Me 2 = Me too.
2morrow ..... tomorrow（明日）
2moz .... tomorrow（明日）
2nite .... tonight（今夜）
2U2 .... to you, too.（あなたも）e.g. Good night 2U2.（君もおやすみ。）
4 .... for　e.g. 4 what? = For what?
4ever .... forever（永遠に）

Ⓐ

AFAIK .... as far as I know（私が知る限りでは）
AKA .... also known as ...（またの名を～、別称～）
ASAP .... as soon as possible（できるだけ早く）

Ⓑ

B4 .... before
B4N .... bye for now（じゃね、またね）
BBFN .... bye bye for now（じゃね、またね）
BBL .... be back later（後で戻ってくる）
BF .... boyfriend（彼氏）＊男友達ではない。
BFF .... best friend forever（永遠のベストフレンド）
BRB .... be right back（すぐ戻るから）
BTW .... by the way（ところで）
BYOB .... bring your own bottle（アルコール持参のこと、酒類持込可）

Ⓒ

CC .... carbon copy　e.g. I CC'd him.（彼にもコピー送ったけど。）
CUL8R .... see you later（じゃまたね）
CYA .... see ya（んじゃ）
CYZ .... see ya（んじゃ）＊a keyのすぐ下にz keyがあるのでこの形になった。または複数形。

Ⓓ

DH .... darling husband（最愛の夫）＊日本語の「ダーリン」とは違い皮肉っぽく使われる。

DIY .... do it yourself（日曜大工、自分でやる）

F

F2F .... face to face e.g. f2f meeting（実際に会う、オフラインミーティング）
FAQ .... frequently asked question（よく聞かれる質問）
FMV .... fair market value（適正市場価格）
FWIW .... for what it's worth（役に立つかどうかわからないけど）
FYI .... for your information（ご参考までに）

G

G2G, GTG .. got to go.（行かないと。）
GF .... girlfriend（彼女、女性の女友達）

H

HTH .... hope this helps（お役に立つといいんだけど）

I

IC .... I see（なるほど）
IDK .... I don't know（知らない、わからない）
IM .... instant message（インスタントメッセージ） e.g. IM me later.（後でIM送って。）
IMHO .... in my humble opinion（私のつまらない意見ですが、お粗末ながら私の意見では）
IMNSHO ..... in my NOT so humble opinion（私のあまり粗末でない意見では）
IMO .... in my opinion（私の考えでは）
IOW .... in other words（言い換えれば）
ISO .... in search of …（～求む、～募集中）

J

JFYI .... just for your information（ほんのご参考までに）
JIC .... just in case（もしもの場合）
JK, J/K .... just kidding（ほんの冗談）

K

K .... OK
KFC .... Kentucky Fried Chicken e.g. I'm@KFC.（KFCなう）
KISS .... keep it simple, stupid（シンプルにしとけよ、バカ）
KWIM .... know what i mean?（言いたいことわかるよね？）

L

L8R .... later（んじゃ、あとで）

LMAO .... laughing my ass off（クソ面白い、クソ爆笑）直訳：ケツがもげるくらい笑っている

LMFAO .... laughing my fucking ass off（クソ面白い、クソ爆笑）上記より下品

LMHO .... laughing my head off（大爆笑）直訳：頭がもげるくらい笑っている

LOL .... laughing out loud（笑、爆笑）

M

MIA .... missing in action（行方不明）＊音信不通という意で使われる。

MIN .... minute（分）

N

NBD .... no big deal（大したことない、気にするな）

NOYB .... none of your business（アンタの知ったこっちゃない）

NP .... no problem（問題なし）

NT .... no text（本文なし）＊件名だけで本文がないときに件名に入れる。

O

OBO .... or best offer（または）

OBTW .... oh, by the way（あっ、ところで）

OIC .... oh, I see!（ああ、なるほどね！）

OMG .... oh my god（え〜、なんてこった）

OT .... off topic（トピックとは関係ない、トピックからは逸れた）

OTOH .... on the other hand（一方では）

OTT .... over the top（やりすぎ）

P

PIC .... picture（写真）

PITA .... pain in the ass（すっげえ面倒くさい、すっげえ大変）

PLS .... please

PMSL .... pissing myself laughing（小便漏らすくらい爆笑）＊イギリス英語

POed .... pissed off（ムカついた）

PPL .... people

R

R .... are

ROTFL, ROFL
.... rolling on the floor laughing（おかしくって笑い転げちゃう）

RSVP .... please reply/Respondez S'il Vous Plait（返事請う）

RTFM .... read the fucking manual（マニュアル読みやがれ）

S

Sec .... second（秒）e.g. Just a sec, wait a sec（ちょっと待って）

SO .... significant other（大事な人、連れ合い、相方）

T

TBA .... to be announced（後日発表）/ to be advised（後日通知）
/ to be arranged（後日手配）

TBD .... to be determined（後日決定）

THX / THNX / TNX
.... thanks（ありがと）

TIA .... thanks in advance（先にお礼言っとく）

TIC .... tongue in cheek（冗談）

TLC .... tender loving care（やさしく愛情に満ちた世話、手塩）

TTYL .... talk to you later（また後でね）

TTYT .... talk to you tomorrow（また明日）

TYVM .... thank you very much（どうもありがとう）

U

UOK .... (Are) you okay?（大丈夫？）

W

W/E .... whatever（どうでもいい、好きなようにすれば、知るか）

WHT .... what the hell?（なんてこった）

WTB .... want to buy（求む、購入希望）

WTF .... what the fuck?（なんてこった、何ほざいてんだ）

WTG .... way to go（やったね、その調子）

WYSIWYG .. what you see is what you get（ご覧の通り）

U

U .... you

UR .... your, you're

V

VBG .... very big grin（大きくニッコリ）

❌

XOXO .... hugs and kisses（ハグとキスをいっぱい）

❓

YW .... you're welcome（どういたしまして）

略語をもっと知りたい人にはこのサイトがお勧め。
http://www.netlingo.com/top50/popular-text-terms.php
http://www.netlingo.com/top50/acronyms-for-parents.php

口語形・省略形（Twitterやチャットでは、会話スタイルで書き込まれる）

bout .... about
cept .... except
congrats ..... congratulations
coz, cuz ...... because
dat .... that
dis .... this
dunno .... don't know
eff .... fuck, fuck off の婉曲表現　e.g. effing = fucking
~in, ~in' ...... ~ing
Gimme .... Give me
gonna .... going to
gotta .... got to　e.g. Got to go.= I have to go.（行かないと。）
Lemme .... Let me
lil .... little
NM .... Not much. "sup" に対する返答
rite .... right
sum .... some
sup .... Wassup = What's up
tho .... though
tht .... that
thru .... through
til, 'til .... till, until
tonite .... tonight

Tweetin	Tweeting	＊Tweetin' の場合も。同様に "freakin" "freakin'" = "freaking"
wanna	want to	
Wassup	What' up	
Watsup	What's up	
Wazzup	What's up	
Whatcha	What are you	e.g. Whatcha doin'?（何してんの？）
Whazzup	What's up	
ya	you	
Y'know	you know	

絵文字（smileys, emoticons）

日本にも気持ちや感情を表すための絵文字があるが、英語ではこれは smiley、emoticonと呼ばれる。日本国内で使われているものとはかなり異なる。日本語の絵文字を相手に教えてあげるというのもいいが、全角で入力すると文字化けするので半角で入力することを忘れずに。

笑顔	:-) :) :o) :] :-｜ :->
笑い	:-D :D :))
爆笑	xD XD =D 8D
ウィンク	;-) ;) *) ;] ;D
ビックリ、ゲッ	:-o :-O 8-O 8-]
悲しい、しかめ面	:-(:(:｜ :/ :｜ :/ =/ =｜
涙	:'-(:((;(;_(
腹立つ、悔しい	x-(X(:-< :-‖ >:O :@
はて？ わからん	=? :? >_<
カッコイイ、すてき	8-) 8) B-) B)
ベー	:-P :P X-p
ハート、愛してる	<3

著者紹介

有元美津世（ありもと みつよ）

在米25年。大学卒業後、日米企業勤務を経て渡米。アメリカ企業勤務後、日本企業の米国現地法人立ち上げに携わる。MBA取得後、独立。15年にわたり日米企業間の戦略提携コンサルティング業を営む。その後、不動産投資家として活躍。著書に『英文ビジネスeメール実例集 Ver.2.0』『英文履歴書の書き方 Ver.2.0』『面接の英語』『英語で意見を通すための論理トレーニング』（ジャパンタイムズ）、『欲張りで懲りないアメリカ人』（祥伝社）など多数。

ツイッターアカウント 英語 @TweetinEng/ 日本語 @getglobal

英語でTwitter!

2010年6月5日　初版発行

著　者　有元美津世

　　　　Ⓒ Mitsuyo Arimoto, 2010

発行者　小笠原 敏晶

発行所　株式会社 ジャパンタイムズ

　　　　〒108-0023 東京都港区芝浦4丁目5番4号

　　　　電話　（03）3453-2013（出版営業部）

　　　　振替口座　00190-6-64848

　　　　ウェブサイト　http://bookclub.japantimes.co.jp

印刷所　図書印刷株式会社

本書の内容に関するお問い合わせは、
上記ウェブサイトまたは郵便でお受けいたします。
定価はカバーに表示してあります。
万一、乱丁落丁のある場合は、送料当社負担でお取り替えいたします。
ジャパンタイムズ出版営業部あてにお送りください。

Printed in Japan　ISBN978-4-7890-1397-0